チューリングと超パズル

解ける問題と解けない問題

田中一之
TANAKA Kazuyuki

東京大学出版会

Alan Turing and Meta-Puzzles:
Solvable and Unsolvable Problems
Kazuyuki TANAKA
University of Tokyo Press, 2013
ISBN978-4-13-063901-9

はじめに

天気予報、地震予知、景気予測など、膨大なデータを大型計算機で処理しても明日のことさえはっきりわからないのに、7年間も宇宙を旅した小惑星探査機が無事に地球に帰還したりもする。このように現下で計算できることと、できないことがあるのは間違いないが、その違いはたまたま今そうなだけで、そこに絶対的な壁などはないようにもみえる。

「不可能を可能にする」という言葉があるように、現在計算できていない問題もいつかは計算できるようになるかもしれない。英国の数学者アラン・チューリングはまだケンブリッジ大学の学生のとき（一九三六年）に、こうした問いについて考え抜き、計算ないし機械的推論では永久に解が求まらない問題があるという驚くべき結論を導いた。そのとき彼は、電子計算機の雛型となる数学的モデル（今日「チューリング機械」と呼ばれるもの）を考案し、およそ機械的に計算できるものはすべてチューリング機械によって計算できることを説き明かした上で、チューリング機械に答えられない問題があ

ることを証明したのである。

　ポジティブな思考がクリエイティブな仕事に結びつくという人がよくいるが、計算機の誕生に限らず、数学周辺にはネガティブな発想がブレークスルーを生む例が他にたくさんある。「負（negative）の数」「無理（irrational）数」「虚（imaginary）数」など、名前だけでもそれら数概念のネガティブな出自がわかる。問題を解くだけなら、解けないことについて知る必要はないが、問題が解けないことがわかるためには、解く手段を厳密に定めて、解けること一般についての知識の体系化が必要となり、そこからイノベーションが生まれるのだ。

　若干24歳にして計算機科学の急先鋒に立ったチューリングは、つぎつぎと画期的な研究業績をあげながら、41歳で突然に自殺と推定される死を遂げた。その彼が、死の数か月前に発表した最後の作品が本書のモチーフとなる「解ける問題と解けない問題」である（巻末に全文の和訳を収録）。この作品のテーマは彼のデビュー作と同じものだが、「チューリング機械」のような計算モデルの代わりに、一般に親しみのある「パズル」を題材に使い、パズルが解けるかどうか判定不能であることから、機械的推論の限界を示している。じつは（万能）チューリング機械もそれほど複雑な仕組みではなく、一種のメカニカル・パズルとみることができるし、実際チューリングはそうみているのだ。

　この作品でチューリングは、本題と直接関係ないパズルも多く扱っている。しかし、その後60年間にルービック・キューブのような巧妙なメカニカル・パズルが発明されたり、多種多様なソフト・パズル（数学パズル、論理パズル、言語パズルなど）が考案されたりしている。そこで本書では、チューリングの作品を中心に置きながらも、さらに多彩なパズルの世界を描いていく。また、パズルが解けない理由も、計算不可能性だけでなく、非自明な選択公理への依存とか、定義の曖昧さとか、いろいろ考えられる。といっても、この小著にパズルの全容を収めるのは無理があり、説明もところどころ端折らざるを得ないが、読者諸賢のさらなる思索の手掛かりにしていただけるなら幸いだと思う。

　ふつうのパズル本や数学問題集なら、解ける問題、それもなるほどと納得する形で解ける問題のみを出題するのが常識であろう。だが本書では、半分は解けないパズルを扱い、さらには解けるか解けないかわからないパズルまで登場する。伝統的なパズル愛好家からは、どうしてそんなヘンテコなパズルに脳力を浪費しないといけないのか、とお叱りを受けるだろう。しかし、くり返しになるが、本書の目的はすでに知られた解の道筋をうまくなぞる技術を学ぶことではなく、問題が解けるか否かの判断を正しく行うための論理的な眼力を養うことにある。その意味でこれは「超《メタ》パズル」の本なのだ。

　本書のもとになったのは、ここ数年間に私が高校への出前授業や教員研修で行った講演の記録やスライドである。二〇一二年夏には「数学オリンピック」の合宿セミナーで、選抜された中高校生30人ほどを対象に比較的長い時間講義する機会をいただき、そのときはじめて「解ける問題と解けない問題」と題して、本書全体の話を披露した。「解けない問題」では数学オリンピックの本番では役立ちそうもないし、予想した通り参加者の多くは眠たそうであったが、さすがに鋭い質問も出て、話題の取捨や説明の改良に役立たせてもらった。その際お世話下さった小林一章理事長や実行委員の方たちにこの場を借りてお礼を申し上げる。

ところで、筆者はチューリングやゲーデルが創始した計算可能性理論の延長を研究する数学者であり、パズルについては一ファンを越えるものではない。チューリングの唯一のお弟子さんの故ロビン・ギャンディ先生にはオックスフォードのご自宅にお招きいただくなど生前親しくしていただいたが、この本をお見せしたらいつものようにカラカラと笑っていただけるだろうか？　本書には私自身の研究の話はほとんどないが、それでもところどころに高度な話を埋め込んであるので、もっと深く理解したいという方は、ぜひ専門書にもあたっていただけると幸いである。

各章は基本的に独立して読めるので、興味のあるところからページを開いていただき、気に入ったパズル問題や解答はどんどん自分流にアレンジして楽しんでいただければよいと思う。筆者も昔聞いた問題を本書のために脚色しながら楽しませてもらった。オリジナルの出典がわかるものはその旨明記してあるが、かなり多くのものがいわば民間伝承で作者不詳である。もっと文献検索を徹底すれば、もう少し判明できるかもしれないが、パズル自体が本書の主役ではないので、どうかご容赦いただきたい。

では、どうぞゆっくりお楽しみ下さい。

二〇一三年一一月　筆者

チューリングと超《メタ》パズル

——解ける問題と解けない問題

イラストレーション・藤村まりこ

❶

『頭の体操』から超《メタ》パズルへ

チューリングの生誕100周年

二〇一二年。ロンドンで3回目のオリンピックが開催されたこの年は、第二次世界大戦において祖国イギリスの勝利に大きな貢献をした数学者アラン・チューリングの生誕100周年でもあった[1]。世界各地で彼と彼の研究に関連したさまざまな催しが行われたが、とくに誕生日の六月二三日の前後にはチューリングが生活した大学街ケンブリッジやマンチェスターにおいて盛大な市民イベントや国際研究会が行われた（図1・1）。

図1・1　2012年6月23日、チューリング生誕100周年の記念日にオリンピック聖火がマンチェスター市にある彼の銅像前に到着（写真：Wikipedia）

チューリングは、『TIME』誌が選んだ20世紀の偉大な科学者・思想家20人[2]（組）の1人に数えられるだけあって、その仕事は幅広くかつ深い。なかでも有名なのは、電子計算機の雛型となったチューリング機械の考案と、第二次世界大戦中に暗号解読チームのリーダーとしてドイツUボートのエニグマ暗号を解読した功績である。ところが、彼は一九五二年に同性愛絡みの不祥事で有罪判決を受け、保護観察下で薬物治療を強要され、一九五四年六月七日に自殺と推定される不幸な死を遂げている。真にドラマチックというか、実際にドラマ(3)にもなった実話である。しかし、当時の社会状況や彼のおかれた特殊な環境を十分理解せずに憶測や巷説で物をいうのは危険であり、また本書の目的からも外れるので、彼の私生活の話題は他書(4)に譲りたい。

そのチューリングが死の数か月前に「解ける問題と解けない問題」(巻末に和訳を収録)という興味深い作品を発表している。これは学術論文ではなく、一般向けのサイエンス誌(ペンギン社『サイエンス・ニュース』)に載せた解説記事である。彼は一九三〇年代、まだケンブリッジ大学の学生だった頃に、電子計算機の雛型となる「チューリング機械」を考案し、およそ計算できるものはすべてこの機械によって計算できることを提唱して、それから逆に「計算できない関数がある」ことを導いた。対して、この最後の作品では、あえて計算(機)にはふれず、どんなパズルも「置換パズル」で表せるという提唱から、「解けるか解けないか判定不能なパズルがある」という結論を導いた。

一般向けの解説ゆえ、主題と直接関係ないパズルの話も多く扱われていて、むしろそちらのサイドストーリーがユニークで面白い。いや、ただ面白いだけでなく、未解決問題を数多く提示し、新しい研究分野を創出しようとしているかにもみえる。とくに一九七〇年代から盛んになる「計算の複雑さ」についての研究のさきがけになっているといえよう。

ここでチューリングが「パズル」と呼んでいるのは、機械的操作によって形や配置を変化させていくような、いわゆる「メカニカル・パズル」である。じつは、(万能)チューリング機械もたいして複雑な仕組みではなく、メカニカルに組み立てることが可能である。[5] 実際インターネットで検索すれば、LEGOブロックなどでつくったチューリング機械もみつかる。実用性を度外視すれば、計算機の問題をパズルに置き換えて考えることは、それほど奇抜な発想ではない。

『頭の体操』はパズル?

メカニカル・パズルに対して、特別な器具を使わない「ソフト・パズル」ともいうべき数学パズルや論理パズルが前世紀後半から世界的に広まり、ロシアのY・ペレルマン[6]やアメリカのM・ガードナー[7]の本が広く読まれた。そのなかには、とんちクイズや手品のようなものも混じっていて、「パズル」の境界線がだんだん不明瞭になっていった。

昭和四〇年代、日本でのパズルとクイズの一大ブームの火付け役となったのは多湖輝氏の『頭の体操』シリーズ[8]であろう。昭和三九(一九六四)年の東京オリンピックのあとで、体操の難しい技を「ウルトラC」と呼び、困難を軽々と乗り越える様子に「かっこいい」という表現が使われるようになった時代である。

多湖氏はこの本の問題を一括りに「パズル」と呼んでいるが、「パズル」というより「とんちクイズ」や「ひらめきクイズ」といった類いのものも少なくない。私見では、「パズル」というのはきちんとルールが決まっていて、ひらめきや機智よりはむしろ思考の積み重ねによって正解をみいだすもののように思うので、その解説には少し違和感を覚えた。もっとも私はクイズはクイズで好きだから、このシリーズは小学校以来の愛読書である。

ここで強調したいことは、同じ問題に対しても、ひらめきクイズ的解答、思考パズル的解答、厳密な数学的解答といったように異なるレベルの解答が存在しうることだ。多湖氏の解説はどれもひらめきレベルで終わっているのは残念であった。

1つ具体例をみてみよう。『頭の体操』第1巻（一九六六年）の第2問である。原文と少し表現を変えてあるが、本質は変わらない。

【問題1】 ある人が南に向かって10キロ行き、つぎにそこから東に向かって10キロ行き、そのあと北に向かって10キロ行ったらもとのところに戻ったという。出発したのは地球上のどこだろうか？

【クイズ的解答】 北極点。

ひらめきの答えはこれくらいだろう。『頭の体操』でも、

それ（だけ）が答えになっていた。しかし、正解は他にもたくさんあるのだ。

【パズル的解答】 北極点以外に、つぎのような解も考えられる。南極点を中心に1周10キロの円を考え、その円周上のどの点からでも北に10キロ行ったところを考えると、そこも問題の条件を満たす。さらに考えを進めれば、南極を中心に1周5キロの円でも2回まわればよいし、また3回でも何回でも、まわってもとに戻れる円周であれば、そこから北に10キロ行った点は問題の条件を満たす。

【数学的解答】 出発点をAとし、そこから南に10キロ行った地点をB、さらに東に10キロ行った地点をCとする。そして、Cから北に10キロ行くとAに戻ることになるので、CはAから南に10キロ行った地点でもある。つまり、AとBを結ぶ線分ABと、AとCを結ぶ線分ACはともに北から南に走る経線の上にある。いまBとCが同じ点ではないとすると、ABとACは異なる線分で異なる経線の上にある。2本の経線が交わる点は北極点と南極点のみであるが、南極点から南には進めないので、交点Aは北極点となる。つぎにBとCが同じ点であるとき、東に同一緯線上を10キロ移動してもとに戻ってくるのは、北極点もしくは南極点を中心とする1周がn分の10キロ（nはゼロでない自然数）の円周上にB（＝C）があるときであり、そのときに限る。そして、Aがそこから北に10キロ行った地点であることを考えると、北極点を中心とする円になることはない。結局、B（＝C）は南極点を中心とする1周n分の10キロの円の上にある。

このように1つの問題にも、「ひらめき的発想」「パズル的推論」「数学的証明」のようなレベルの違う答え方がある。最初にひらめきがないと何も始まらないのかもしれないが、それだけではずいぶん乱暴な議論ではないだろうか。数学的解答はあまりに堅苦しくて、数学用語に慣れている人以外は敬遠したくなるかもしれないが、他に解がないことを証明するためにはこうした議論も必要となる。

この話のネタは、『頭の体操』の本が出版されてまもない頃に、大阪大学元総長で皇后陛下の伯父でもある数学者の正田健次郎先生が、中学1年生を相手に1年間行った授業にある。正田先生は他にもいろいろな数学パズルについて話をされ[9]、その教室にいた生徒の1人が受けた感銘は半世紀近い時を経て本書を著すまでに至っている。あとでわかったことだが、「北極点以外に解があるか」という問題は、M・ガードナーの最初のパズル問題集（一九五九年）の第1問である。そこで、ガードナーは「パズル的解答」を与えていた[10]。

もう1つ、本書のスタンスが『頭の体操』と大きく違う点は、ここで扱うパズルには答えがないかもしれないことだ。答えが1つに定まるからキモチイイと思う人がいるかもしれないが、それは出題者の思わく通りに考えているだけかもしれない。問題1でみたように他に正解があるかもしれないし、あるいは最初から解はないかもしれない。さまざまな角度から問題を考える方が、想定された答えをいい当てる以上に楽しめるはずなのだ。

数学のセンスを判断するパズル

数学的解答は、ただ厳密性を求めるだけでなく、時として常識から外れる独自のセンスを要求することがある。私はアメリカの大学院に入学したばかりのころ、指導教官のL・ハーリントン先生から数学のセンスを試してあげようといわれて、つぎのような問題を出された。問題は2つある。

【問題2】 あなたは、犬を連れて公園に散歩に行くのが日課になっている。今日、南側にある入口を入ると、東側のゴミ箱から炎が出ているのがみえた。公園の中央には空のバケツが転がっていて、北側には水飲み場がある（図1・2）。さあ、あなたはどうする？

図1・2

【解答例】（1）公園の中央まで行って、空のバケツを拾う。（2）水飲み場に行って、バケツに水を汲む。（3）ゴミ箱に行き、水をかけ、消火できたら終了。消火できなかったら、（2）と（3）をくり返す。

簡単だったと思う。では、つぎの問題。

【問題3】 あなたは、犬を連れて公園に散歩に行くのが日課になっている。今日も、南側にある入口を入ると、東側のゴミ箱から炎が出ているのがみえた。公園の中央には水が入ったバケツが置かれていて、北側には水飲み場がある（図1・3）。さあ、あなたはどうする？ 数学的にエレガントな解答を求めてほしい（解答は、13ページをみよ）。

図1・3

真面目な人にはとうてい思い付かない解答だと思う。私もそうだった。さらにもっと真面目な人は、答えを聞いてもどうしてエレガントな解答なのか納得がいかないかもしれない。ここでは実行しやすい解を尋ねているのではなく、数学的にシンプルな解答を求めているだけなのだ。すでに得られた結果をうまく利用することも、数学的エレガントさに数えられる。じつはこの問題の出典も、ガードナーの問題集(11)にあった。

【問題4】 問題2と3の順番を変えて、解答を考えてみよう。

超《メタ》パズルとは

本書の題名にある「超パズル」という語について説明しておこう。1つ1つのパズルをばらばらに扱うのではなく、多数のパズルをひとまとめにして、それをあたかも1つの大きなパズルのようにとらえたものが「超パズル」である。たとえば、チェスボードを使うパズルがいろいろあるが、代表的なものとして、ナイト・ツアー(第3章)を考える。チェスボードには8×8のマス目が入っているが、このパズルは自然に $n \times n$ のボードに一般化できるので、各々の n について、「$n \times n$ ボード上のパズルが解をもつか」、あるいは「解をもつような n を求めよ」というような超パズル問題がつくれる。

ここで、チューリングの最後の作品「解ける問題と解けない問題」の書き出しをみておこう。

出されたパズルが難しくてどうしても解けなかったら、これは本当に解けるの？と出題者に尋ねてみたくなるだろう。どんな手が許されるのかルールがきちんと定まっているなら、答えはきっと「はい」か「いいえ」かになるはずだ。もちろん、出題者だってその答えを知らないこともあるだろう。では同じように、「任意のパズルが解けるか解けないかをどうやったら判定できるか？」と問うてみよう。これはなかなか答えられない。実際のところ、パズルが解けるか解けないかがわかるような組織的判定法はないのだ。

ある種のパズルの集まりについて、それに含まれるパズルが解けるか否かを一般に判定するアルゴリズムはないという主張である。チューリング自身は「超パズル」という語は用いていないが、われわれはそう呼ぶことで個別のパズルと区別したい。彼はそのような判定アルゴリズムがないことを証明するために、どんなアルゴリズムも「置換パズル」と呼ばれるパズルで表現できることを示している。本当は、こうしたパズルについての議論を「超パズル」というべきかもしれないが、いずれにしても詳細は後の章（第7章）で説明する。

【問題3の解答】　公園の中央まで行って、バケツを蹴飛ばして空にし、入口に戻る。これで問題が先の問題に還元されたので、あとは問題2の解答と同じ。

（1）ロンドンでのオリンピックは、1回目が一九〇八年、2回目が一九四八年に開催されている。英国トップクラスの長距離走者としても知られていたチューリングは、2回目のロンドン・オリンピックの選考会をかねたアマチュア陸上競技協会のマラソンで5位に入ったが、オリンピックには出場できなかった。

（2）アメリカの『TIME』誌が一九九九年に発表した。他にはアインシュタイン、フェルミ、フロイト、ケインズ、ピアジュ、ワトソン＝クリック、ウィトゲンシュタイン、ゲーデルなど。『TIME が選ぶ二〇世紀の一〇〇人〈上巻〉』（アルク、一九九九）に収録。

（3）ヒュー・ホワイトモア作の戯曲『ブレイキング・ザ・コード』。日本では、日下武史がチューリングを演じ、劇団四季によって上演された。ハーバート・ワイズ監督によりテレビ映画化もされ、現在そのDVD版が入手できる。また、ベネディクト・カンバーバッチが第二次世界大戦中のチューリングを演じる映画『イミテーション・ゲーム』も制作中である。

（4）チューリングの人生と仕事の全般について書かれた日本語の本では、星野力『甦るチューリング――コンピュータ科学に残された夢』（NTT出版、二〇〇二）がくわしい。

（5）無限の記憶領域を最初から確保することはできないので、必要に応じてメモリーはいくらでも拡張できると考えておく。役に立つ速度で動くかどうかはまったく別問題である。

（6）Y・ペレルマン、金沢養訳『イワンの数学パズル――愉快な数あそび』（白揚社、一九五九）。

（7）『サイエンティフィック・アメリカン』誌に連載されたガードナーのコラム「数学ゲーム」（一九五六―八一）を再編して、多くの単行本がつくられた。日本語版もたくさんあるが、独自に編集したものが大半で、オリジナルの時系列はつかみにくいかもしれない。

（8）『頭の体操　第1集　パズル・クイズで脳ミソを鍛えよう』（光文社カッパ・ブックス）の初版は一九六六年12月15日に発行された。私が所有する本は、その1年後の一九六七年12月15日の印刷だが、なんとすでに251版になっている。続けて第4集まで一九六七年に刊行され、10年間のブランク後第5集（一九七七年）から第23集（二〇〇一年）までほぼ毎年1冊のペースで発行された。なお、第4集の副題は『これがカラー・テレビ式パズルだ』というもので、当時の世相を反映する問題が多くていま読むとまた楽しい。

（9）その授業内容は『数学セミナー』一九六九年八月号～一九七〇年三月号に掲載された。

（10）さらにあとでわかったのだが、G・ポリア、柿内賢信訳『いかにして問題をとくか』（丸善、一九五四、原著、一九四五）ですでに数学的にも扱われていた。

（11）ガードナーの問題集第13巻。一松信訳『落し戸暗号の謎解き』（丸善、一九九二）に「数学的帰納法と色つき帽子」という題で訳されている。

❷
タイル・パズルでウォーミング・アップ

畳敷きパズル

本章では、さまざまなタイル詰めパズルで、解の有無を判定するウォーミング・アップをしよう。手始めに、つぎのパズルから。

【問題5】 左（図2・1）のような8畳間に畳を敷き詰めたい。しかし、対角にある2隅（半畳ずつ）には柱があって畳を敷くことはできない。そこで、その2隅を除いて7つの畳を敷くことにする。それは可能だろうか？（次ページの解答をみる前に、いろいろ敷き詰め方を試してみてほしい。）

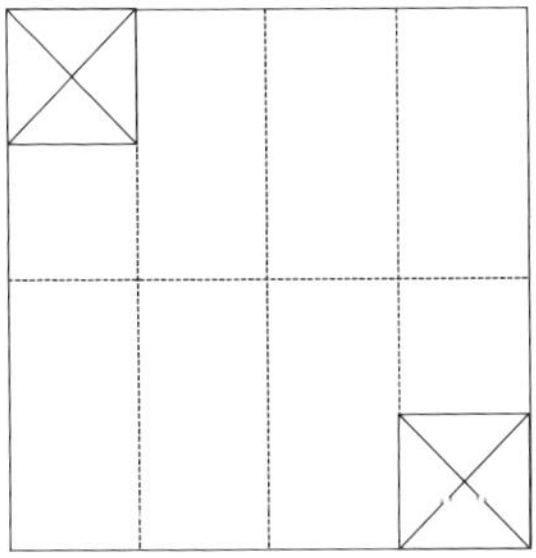

図2・1

【解答】　不可能である。試行錯誤で見当が付いても理由がほしい。それを確めるために、8畳間を半畳ずつ市松模様に色分けしてみよう。そこに畳を敷くことを考えると、畳1枚はどう置いても白と黒を1マスずつ使う。だから、畳7枚だと白と黒を7マスずつ使うことになる。しかし、図2・2のように白マスの数は6つしかないから、畳7枚を置くのは不可能である（じつにうまい証明だと思わないか）。

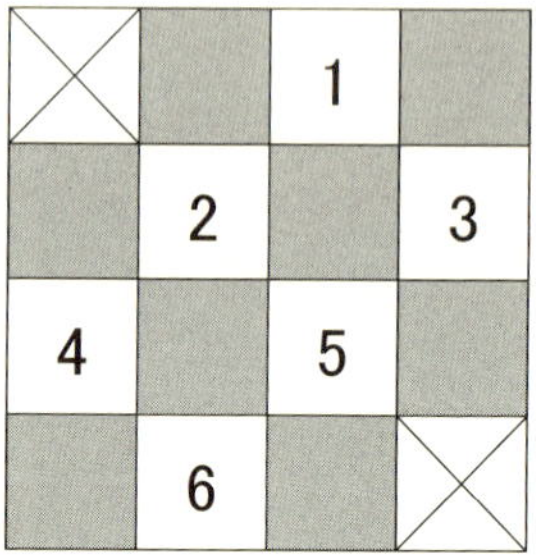

図2・2

【発展問題】　畳を置けない禁止場所を隅に限らず適当に2カ所選ぶことにしよう。もしも、選んだ2カ所が市松模様にしたときに同じ色であれば、右と同じ理由で7枚の畳を敷き詰めることはできない。では、違う色だったらどうだろうか？

【山勘】　このような場合、敷き詰めはつねに可能である。

山勘が正しいかどうか、少し例で考えてみよう。図2・3（上）の場合、図2・3（下）のような敷き詰め方がある（他にも解は多数ある）。

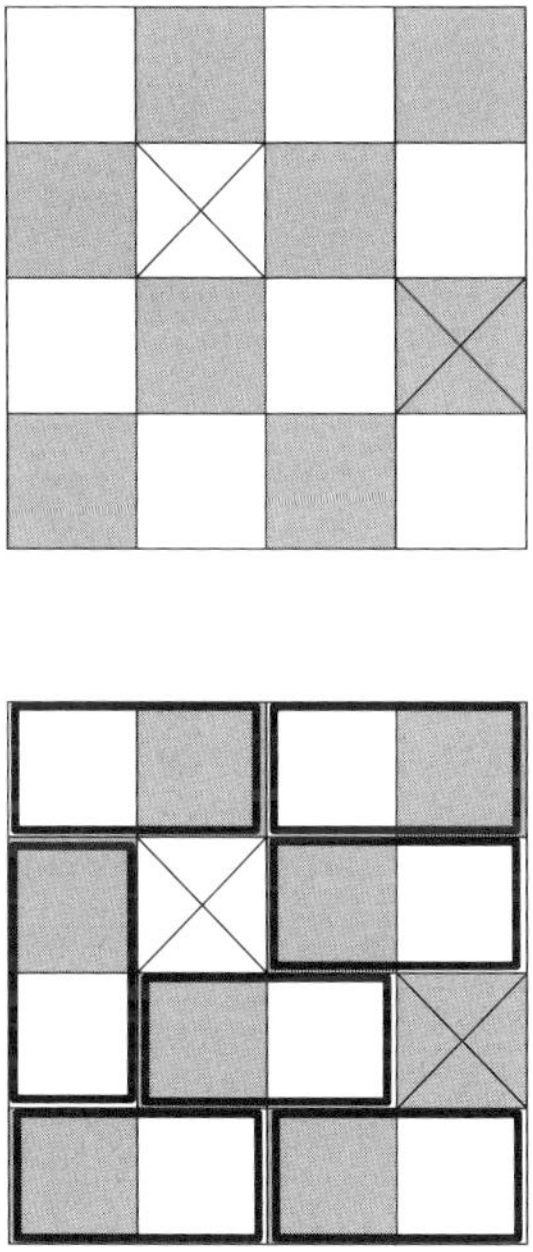

図2・3

しかし、これでは「2カ所の禁止場所の色が違う場合には、つねに敷き詰めが可能である」という一般的事実に対しては、証明にも説明にもなっていない。では、どうやってそれを示せばいいのだろうか？　つぎのように考えるとよい。

【解答】 禁止場所をもたない8畳間（4×4マスのボード、図2・4（上））を、図2・4（下）のように1周16マスの長方形の回り廊下（トラック）に変形させる。

すると、図2・4（下）は白黒マスが交互に並んでいるから、8枚の畳で敷き詰められることは明らかで、その敷き詰め順を保ちながら元の8畳間の敷き詰めに直すことも容易である。このとき、縦の畳が横になったり、横の畳が縦になったりはするが、畳を2つに折る必要はけっしてない。

さて、禁止場所がある場合だが、これも直方形トラックに変形して敷き詰めを考えればあとは簡単

図2・4

図2・5

だ（図2・5）。禁止場所の色が違えば、埋めるべき14マスは必ず偶数個ずつに分かれることに注意しよう。

では、一般の $n \times n$ マス（n は偶数）のボードについて考えよう。ちなみに n が奇数の場合には、全体のマスの個数も奇数になるから、2マスサイズの畳あるいはドミノの形のタイルで敷き詰められないことは明らかだ。

【問題6】 $n \times n$（n は偶数）のマス目のボードにおいて、指定した2マスを残してドミノ・タイル（1×2もしくは2×1のタイル）を敷き詰めることが可能かどうかを判定せよ。

一般の偶数 n で考えにくければ、n の値を8としてチェスボードを思い描いていただくのがいいだろう。

【解答】 市松模様にして、指定された2マスの色が同じか違うかを判定の条件にすればよい。

もし2つとも同じ色、たとえば白であれば、残りの白マスの数は黒マスの数より2つ少ない。しかし、1×2もしくは2×1のタイルはどう置いても白と黒を1マスずつ使うことになるので、敷き詰めは不可能となる。

では、禁止場所が別色の場合は可能か。これを示すのにいろいろな方法がある。1つは、4×4のボードでやったように、全体を1つの閉路にできれば、ドミノ・タイルの敷き詰めはほとんど自明にできる。たとえば、図2・6のような閉路を考えればよい。

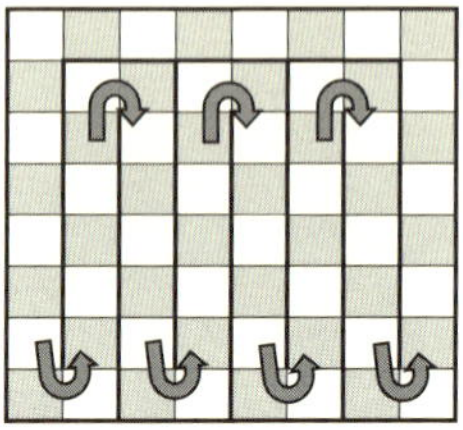

図2・6

別の方法として、全体を偶数マスの辺をもつ長方形に切り分けて考える手もある。偶数長の辺をもつ長方形は、その辺に平行にドミノ・タイルを並べていけば、簡単に敷き詰められるというのがポイントだ。そこで、まず2カ所の指定場所（図2・7）を対角とする長方形の内側部分と、外側部分に分けて考える。

内側の長方形では、縦と横の辺の長さ（マスの個数）は一方が偶数で他方が奇数になっている。なぜなら、偶数長の辺ではつねに両端の色が異なり、奇数長の辺ではつねに同じになるため、偶数長の辺と奇数長の辺を両方もつ場合にだけ、対角が別色になるからである。この場合、図2・8のような線に沿ってドミノ・タイルを並べていけばよい。

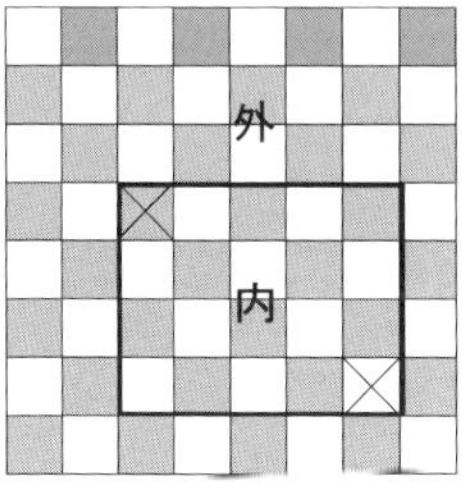

図2・7

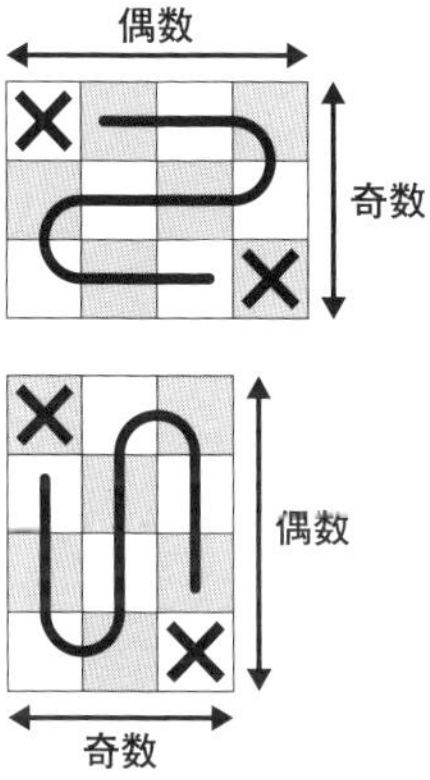

図2・8

つぎに、外側を考える。最初に内部長方形の奇数長の辺を含む直線で正方形を切断し、さらに偶数長の辺で切断すると、偶数長の辺をもつ長方形が4つできる（図2・9。内部長方形の辺が外側の正方形の辺に重なっている場合は、4つよりも少なくなるが、どの長方形も偶数長の辺をもっている）。偶数長の辺をもつ長方形は容易にドミノ・タイルを敷き詰められるので、結局禁止場所が別色の場合は、全体もドミノ・タイルで敷き詰められる。

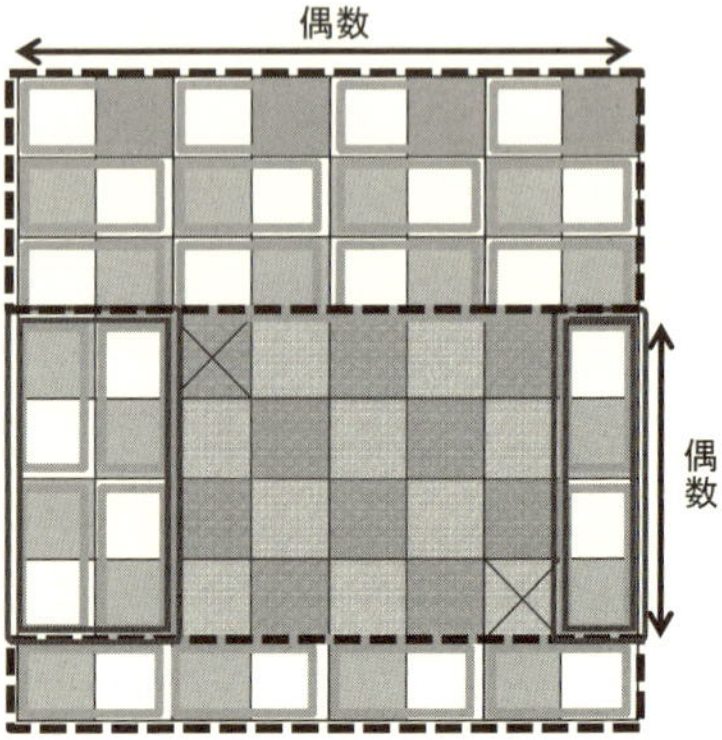

図2・9

トリオミノ・パズル

今度は、敷くタイルの形を変えてみる。同じ大きさの正方形の辺と辺をつなげてできる多角形を一般に「ポリオミノ」という。ドミノは2つの正方形でできているが、3つつなぐとトリオミノ、4つつなげばテトロミノである。ポリオミノという名称は、ハーバード大学の大学院生だったS・ゴロム[1]が初めて使い、M・ガードナーが彼の最初の問題集（一九五九年）で広めた。

【問題7】 5×5のマス目のボードに3マスサイズのトリオミノ・タイルを敷き詰めることは可能だろうか？

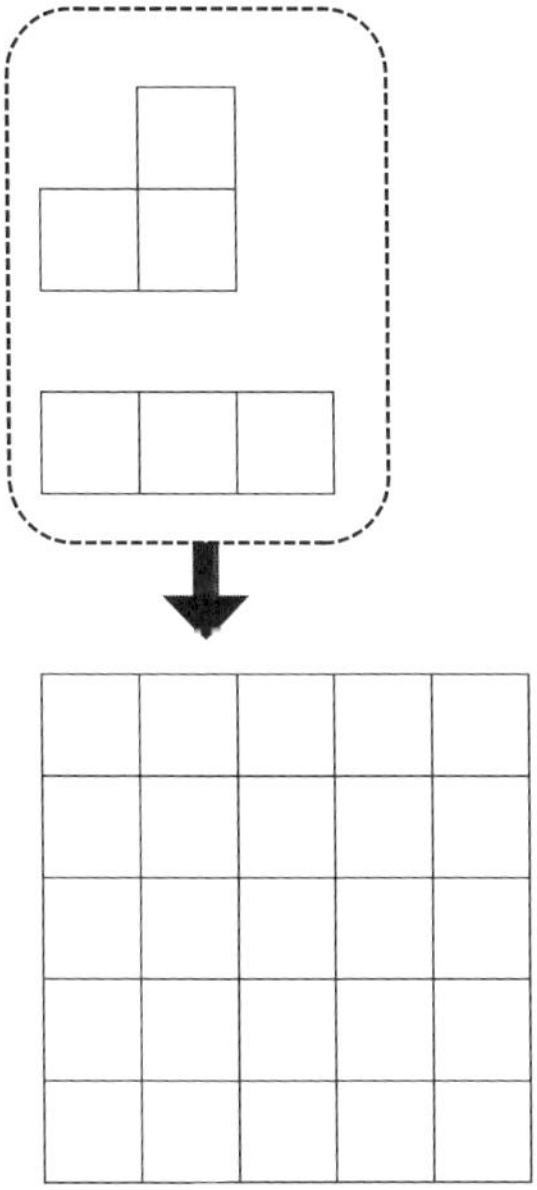

図2・10

【解答】不可能である。マス目の数25は3で割り切れないから。

これはひらめきが必要なだけでパズルとはいえないかもしれない。本当の問題はこれからだ。1つのマスだけ禁止場所にした5×5のボードに  またはそれを横にしたものを敷き詰められるかどうか考えてほしい。

【問題8】図2・11のように1つの禁止マスを除き、5×5のボードに  を敷き詰めることは可能だろうか？

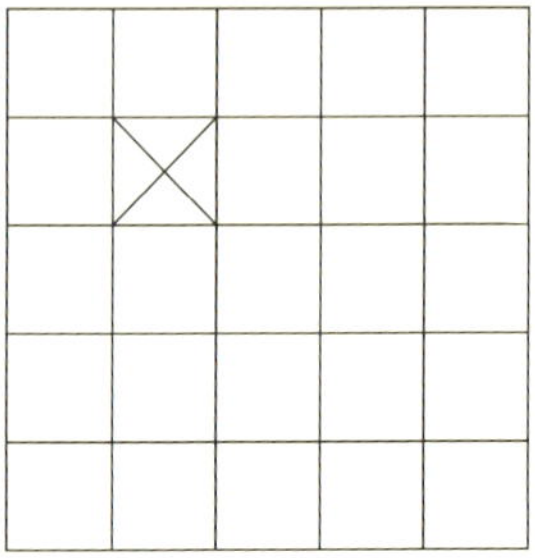

図2・11

【解答】 不可能である。5×5のボードを図2・12（上）のように3色で塗り分けてみると、白マス9枚、禁止以外の灰色マス7枚、黒マスは8枚になる。を縦横どう置いても3つのマスの色が異なるので、ボードの3色も同数でないと、敷き詰められない。

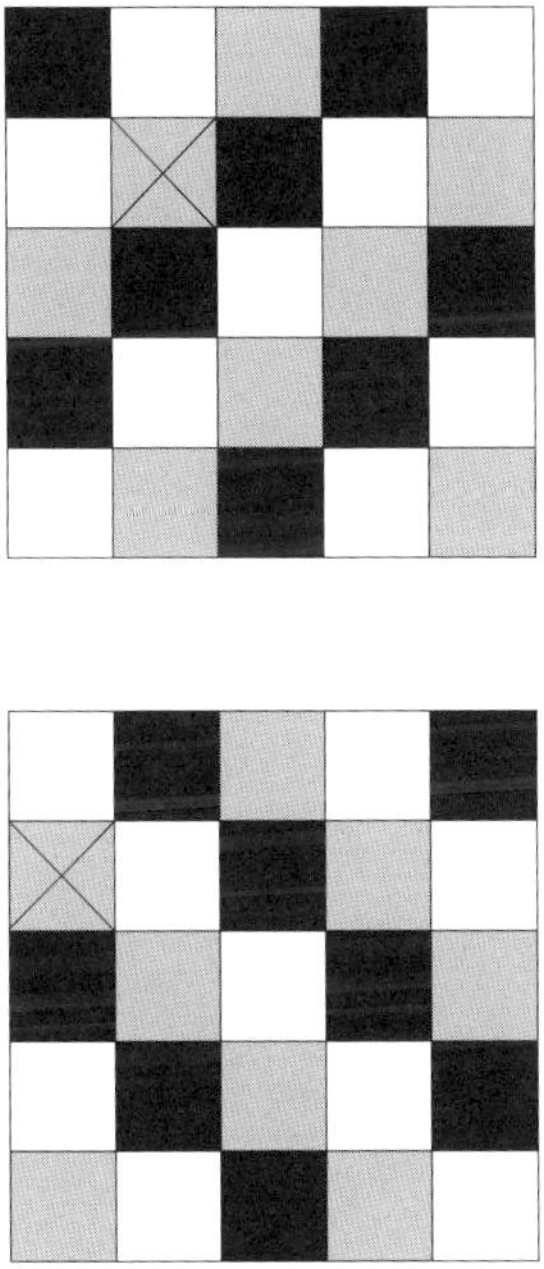

図2・12

では、他の禁止マスを指定した場合はどうだろうか？ 白いマスを禁止指定するなら色の数は合う。しかし、中心の白マス以外は図2・12（上）の色分けで白であっても、色塗りを90度回転させると別の色に変わる（下）から、色の数が合わなくなり敷き詰めができないことがわかる。よって、中心マスを禁止にする以外は敷き詰めは不可能である。中心マスを禁止マスにした場合に敷き詰められることは、各自で確かめてほしい。

テトロミノ・パズル

だんだんとタイルが複雑になっていく。今度は、4マスの多角形テトロミノである。「テトリス」という一世を風靡した落ち物ゲームの素材になった多角形である。

【問題9】 図2・13のような4マスのテトロミノ・タイルを1回ずつ使って、長方形4×5をつくることは可能だろうか？（解答は31ページ。）

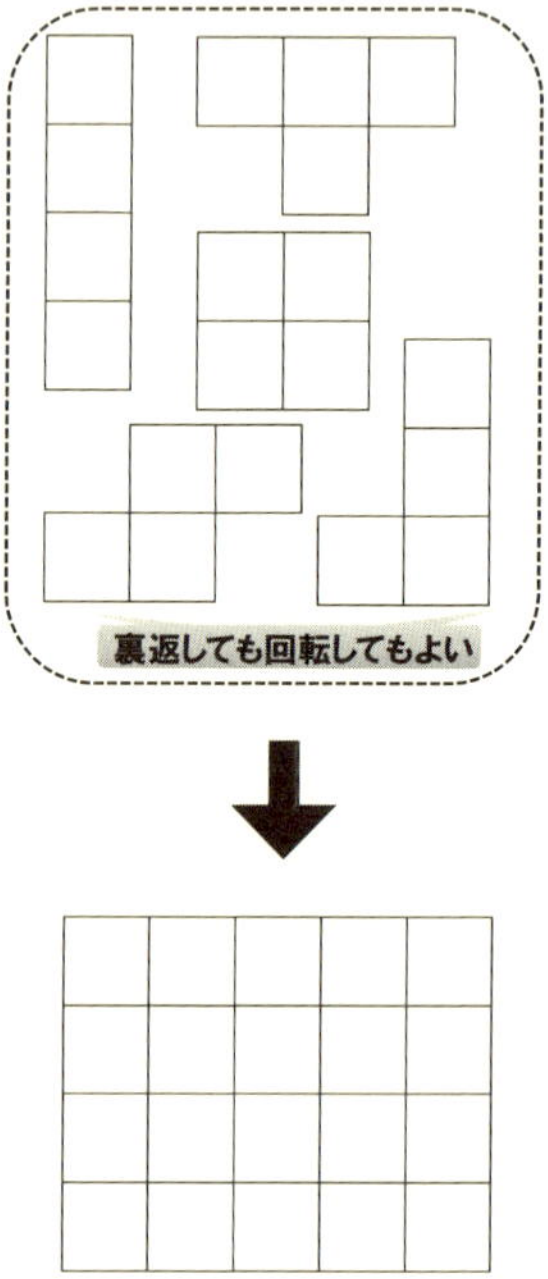

図2・13

【自由課題】 テトロミノ・タイルを2回ずつ使ってよいなら、5×8や4×10の長方形ができる。ちょっと難しいが挑戦してみよう。どうしてもわからないなら、インターネットで「テトロミノ」を検索してみよう。

ここで、1人遊びに飽きた人のために、2人で遊ぶゲーム「クラム」を紹介しておこう。ルールは簡単。チェスボード上で、2人が交互にドミノ・タイルを縦でも横でも好きな空きスペースに置いていき、先にタイルを置くことができなくなった人が負けというものである。じつは、後手に必勝法があるのだが、発見できるだろうか（ヒントは対称性）。盤のサイズを変えたり、ルールを変えたりして、さまざまなバリエーションが楽しめる。とくに先手がドミノを縦に置き、後手が横に置くというルールを付加したゲームは、「ドミニアリング[2]」とも呼ばれている。

【問題10】 6×6のボードを1×4もしくは4×1のタイルで敷き詰めることは可能か？

【解答】 不可能である。6×6のボードを2×2マスの格子模様に色分けする（図2・14）。をどのように置いても、白と黒を2マスずつ使う。うまく敷き詰められたら全体の白マスと黒マスは同数のはずだが、図2・14をみると、白は$4\times4=16$、黒は$4\times5=20$である。

図2・14

一般的な主張としては、つぎのようなことがいえる。

> $n\times n$ボードが1×4または4×1のタイルで敷き詰め可能 ⇔ nは4の倍数

この主張のように、われわれの関心は個々のパズルを解くことよりも、ある種のパズル群に対して、解があるかないかを判定する一般的な方法をみつけることにある（1つの興味ある対象と出会ったとき、個物に満足できず、イデアを求めてしまうのは数学者の悲しい習性でもある）。

【問題9の解答】 不可能である。やはり、ボードを市松模様に塗ってみると、白と黒は同数である。凸型以外のテトロミノを市松模様に置くと、白と黒を2つずつ使う。しかし、凸型のタイルでは白黒の数が異なる（図2・15）。よって、敷き詰めは不可能である。

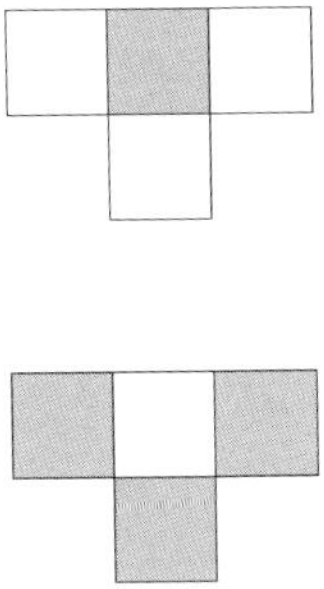

図2・15

（1）アメリカ数学月報AMMに掲載された論文 "Checkerboards and Polyominoes"（1945）.

（2）Elwyn R. Berlekamp, John H. Conway and Richard K. Guy, *Winning Ways for Your Mathematical Plays*, 2nd ed., Vol.1（AK Peters/CRC Press, 2001）.

❸
一筆書きとグラフ・パズル

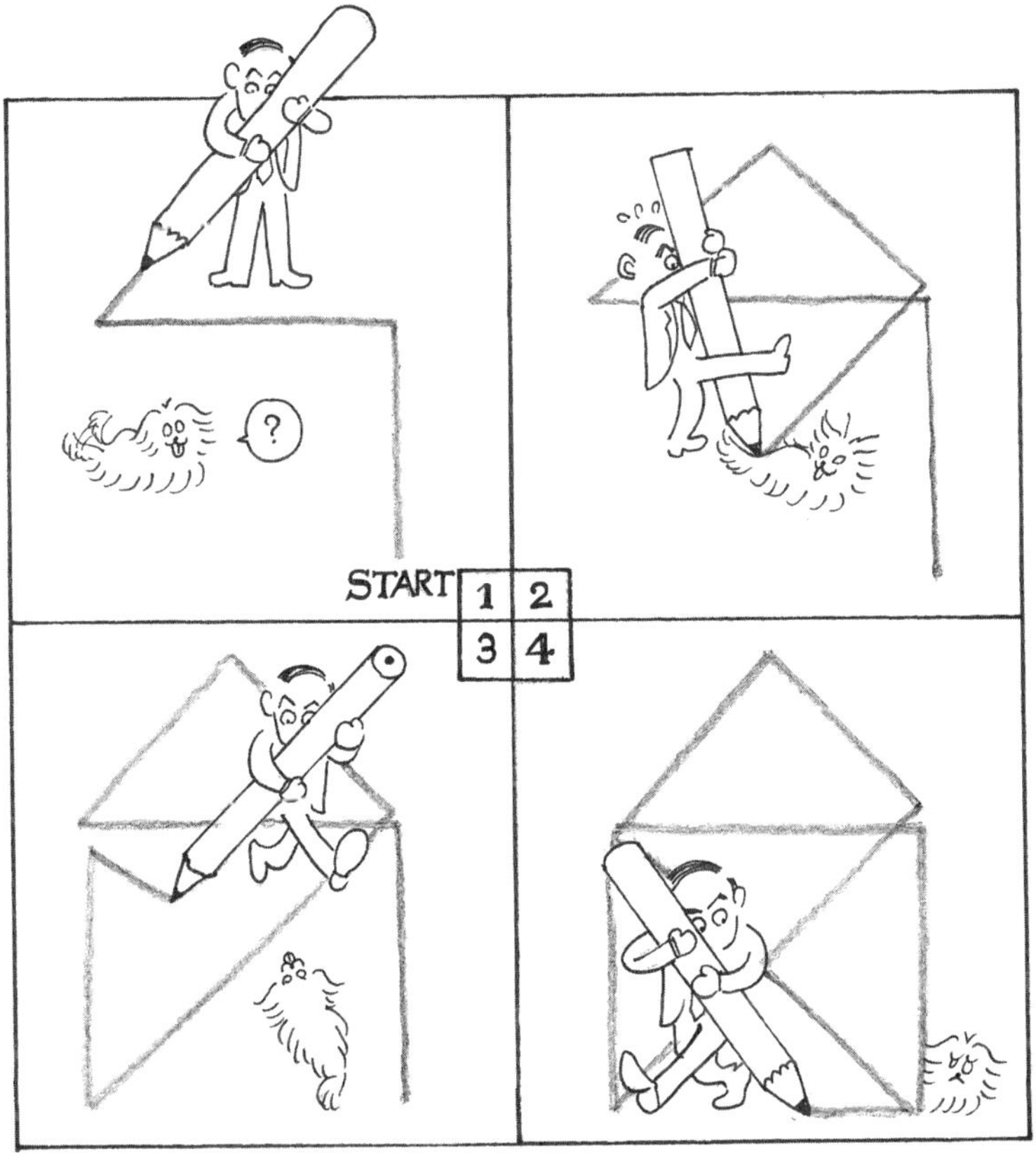

判定の効率

前章では、タイル・パズルで解の有無を判定するウォーミング・アップを行ったが、本章ではもう一歩進んで、判定法の効率や解の複雑さといったものを考えてみたい。そもそも効率を考えなくてもよいのであれば、すべての可能な状況をしらみつぶしに調べていき、それで解がみつかればいいし、みつからなければ解なしと判断すればよいだろう。この方法でもうまくいかないのは、パズルのボードの大きさが変化するなどして可能な状況が無限に生じるような特殊なものである。だが、しらみつぶしのようなやり方は通常無策とされて、それで解の有無がわかっても、判定できたとはいい難い。前章においても、タイル詰めが可能かどうかあらゆる組み合わせを試してみるといった方法は最初から判定法として考えていなかった。

本章ではタイル詰めよりもう少し判断が難しい問題を扱うことで、判定の効率についての考え方を導入したい。専門用語を使うと、計算の複雑さを表す代表的なクラスにPとNPがある。これらに対する直観的な理解のもとで、問題によって解の有無を判定したり解をみつけたりする複雑さが異なるという感覚が得られれば十分である。

具体例として、L・オイラーの一筆書きの問題から始めよう。

オイラーとケーニヒスベルクの橋

「ケーニヒスベルクの橋の問題」として知られる有名な問題がある。18世紀にプロイセン王国の首都として栄えたケーニヒスベルク（現在はロシアのカリーニングラード）には、町の中心部に図3・1のように7つの橋が架かっていた。どの橋も2度通らずに、7つの橋すべてを渡ることができるだろうかというのがその問題であった。スイス生まれでサンクトペテルブルグに住む数学者オイラー（図3・2）は、この問題をグラフの一筆書きととらえて、解の有無を判定した。

この解法については、ご存知の方も多いと思うが、少しお付き合いいただきたい。まず、図3・1

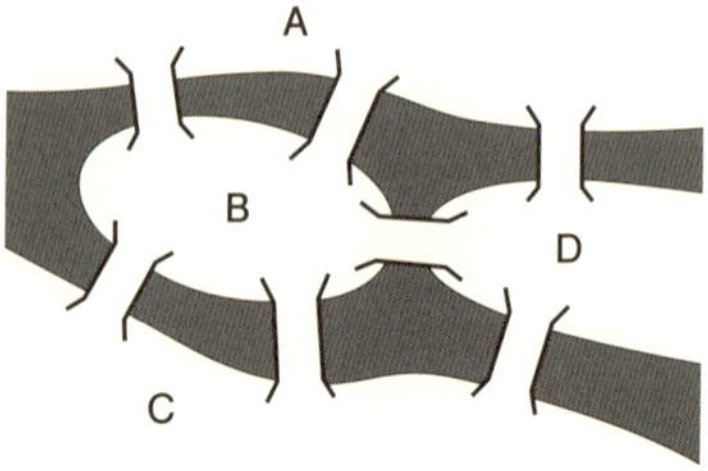

図3・1

図3・2 旧10フラン紙幣（スイス）に印刷されたオイラーの肖像画

のように川で区切られた土地の領域に記号A～Dを振っておく。各領域のつながりを単純化して図示すると、図3・3のグラフで表せる。グラフの各点が土地の領域を表し、各辺が橋を表すことに注意しよう。

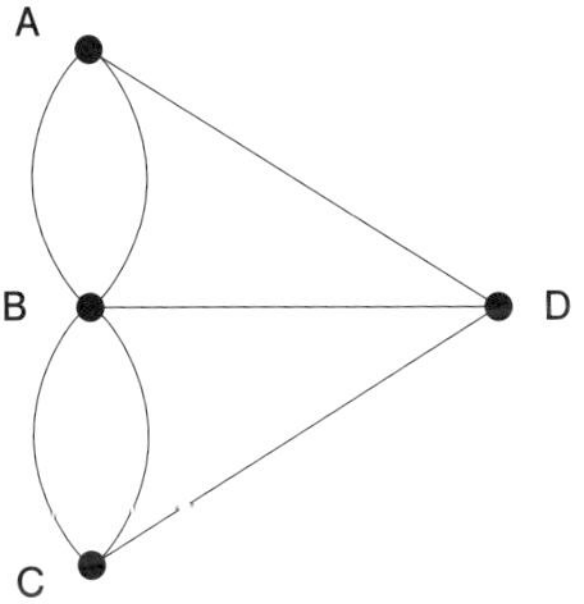

図3・3

図3・1において「どの橋も2度通らずにすべての橋を渡ることができるか」という問題は、図3・3のグラフに対して「すべての辺を2度なぞらず、ペンを紙から離さずに、すべての辺をなぞることができるか」という一筆書きの問題になる。

【問題11】 図3・3は一筆書きで描けるだろうか？

【解答】 図3・3を観察すれば、A〜Dのどの点も奇数本の辺とつながっていることがわかる。そこで、少し試行錯誤してみれば、つぎの事実が発見できるだろう。もし一筆書きができたとすれば、始点と終点以外の点では、一筆書きに沿って入る辺と出る辺の数は一致するはずだから、そこに接する辺の本数は偶数でなければならない（図3・4）。始点と終点については、両点が一致していなければ、それぞれ接する辺は奇数であり、一致すれば接する辺は偶数である。

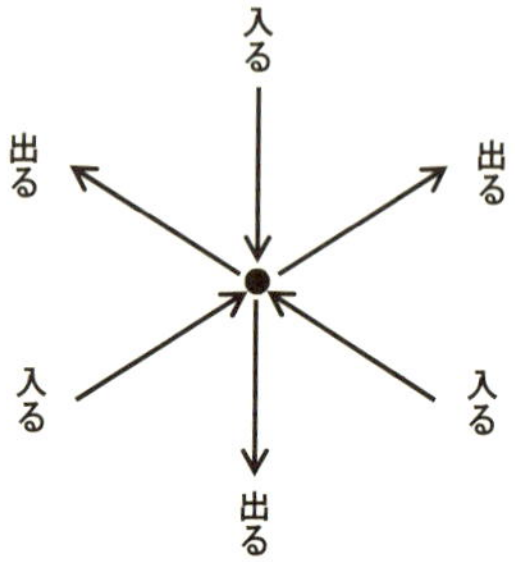

図3・4

図3・3では、奇数本の辺と接する点が4つあるので、このグラフは一筆書きができない。したがって、「ケーニヒスベルクの橋の問題」には解がないということになる。

この事実を、もう少し数学的に言い直してみよう。まず、点（頂点ともいう）と辺からなる図形を改めて「グラフ」と呼ぶ。以下で、たんにグラフといえば、どの2頂点の間にも路がある連結グラフを指す。そして、グラフのすべての辺をちょうど1回ずつ通る（一筆書きができる）道順を「オイラー路」といい、とくに始点と終点が一致するものを「オイラー閉路」という。グラフがオイラー閉路をもつ必要十分条件はつぎのように表せる。

【命題】 グラフがオイラー閉路をもつ ⇕ すべての点が偶数本の辺につながる

オイラー閉路をもてば、すべての点が偶数本の辺につながることは前に述べた通りである。では、どの点も偶数本の辺につながるときには、必ずオイラー閉路がみつかるだろうか？

たとえば、図3・5のようなグラフについて考えてみよう。

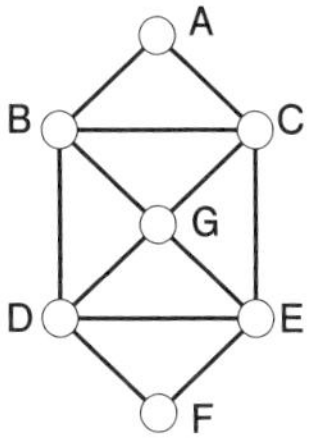

図3・5

どの頂点も偶数本の辺をもっている。いろいろ試してみればオイラー閉路もみつかるかもしれないが、ここではあまり頭を使わずに、とりあえず筆を走らせて1つの閉路をみつけてみよう。たとえば、図3・6のようなルートABGEDGCAをみつけたとする。

まだ通らない辺が残っているので、それを抜き出してみる（図3・7）。

残りのグラフにおいても各点は偶数本の辺に接している（各点で除いた辺の本数は偶数だから）ので、問題をより小さなグラフに還元したことになる（一般には、残りがこのように1つの連結グラフにはならないかもしれないが、連結成分が複数あっても成分ごとに閉路をみつければよい）。この場合は、残りグラフの閉路は自明に図3・8のようになる。

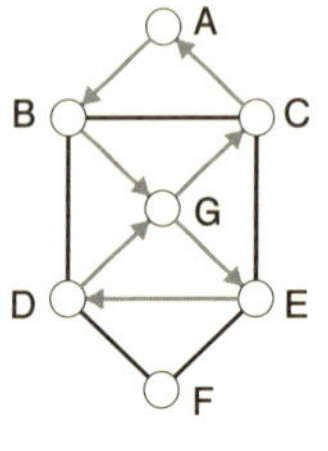

ABGEDGCA
図3・6

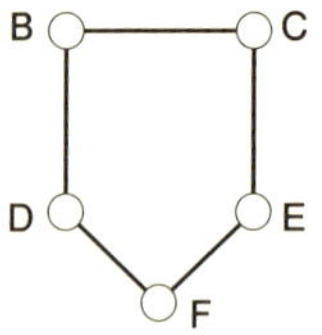

図3・7

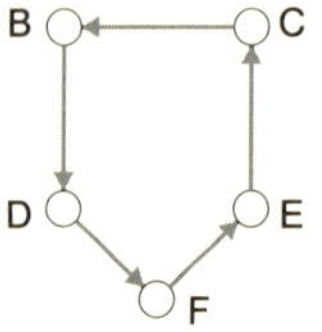

BDFECB
図3・8

最初の閉路と残りの部分（の閉路）は、もともと連結していたので共通点をもっている。それをいまBとして、そこをかすがいにして2つを合成すれば、図3・9のような大きな閉路が得られる。

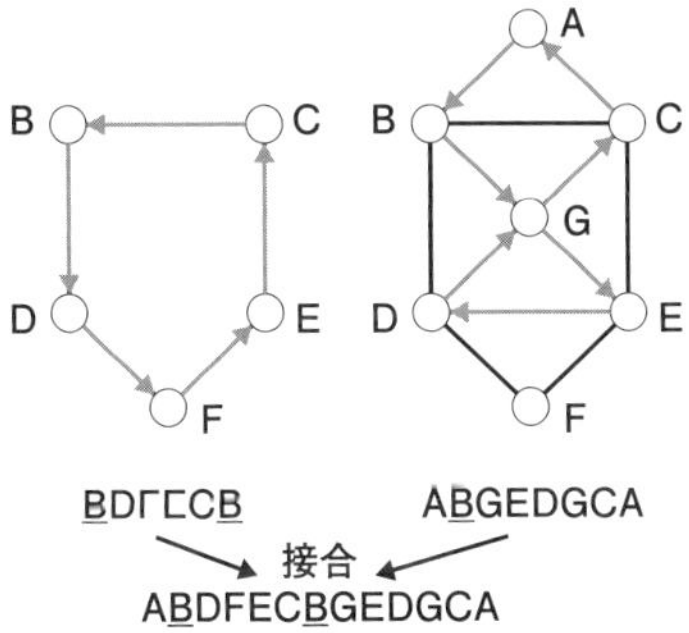

図3・9

もしもまだ残っている部分があれば、その中の閉路をみつけて接合させる。この操作をくり返すことで、グラフ全体を覆うオイラー閉路が得られる。

附言すると、閉路でないオイラー路をもつ必要十分条件は、2つの点だけが奇数本の辺につながり、残りの点は偶数本の辺につながることである。必要性は明らかである。十分性を示すには、奇数本の辺をもつ2点をつなぐルートをつくり、あとは前と同様に閉路を接合していけばよい。

すべての点が偶数本の辺につながるといった性質は、グラフをざっと眺めて、簡単な計算で判定できる。さらに、具体的にオイラー閉路を求める作業も、右に述べたやり方に従えば、つぎつぎと閉路を拡大していくだけだから、しらみつぶしと違い、行きつ戻りつの無駄がない。

このように無駄のない試行で解が求まる場合、解法に必要な時間は問題グラフのサイズに比例する程度、もう少しゆるめて扱ってもx^2とかx^3のような多項式関数で抑えられる程度である。厳密にいえば、問題のサイズが頂点の個数なのか辺の個数なのかあるいはグラフを表す何らかのコードの大きさなのかといったことや、計算時間をどう測るかといったことをきちんと定めないと議論にならないのだが、実際のところはどう定めても漸近的に多項式曲線で抑えられるという性質は変わらない。そして一般に問題を解く時間が問題サイズの多項式（polynomial）以内であれば、大きな問題でも計算機などで実際に答えを求めることができると考えられ、このような問題は「クラスP」に属するという。クラスPに属する「問題」というのは、正確には「問題の集まり」のことで、超パズルである。オイラー閉路の問題は、与えられるグラフごとに個別の問題があり、その問題サイズで判定の複雑さが変わる。非常に大雑把にいって、問題のグラフが与えられたとき、そのグラフに少し印を付ける程度の手計算で解が求まれば、たいがいクラスPに属するものであろう。

ハミルトン閉路とNP

オイラー閉路と一見類似していて、はるかに解きにくいのが、ハミルトン閉路の問題である。ハミルトンは、19世紀のイギリスの数学者で、彼はサロン向けのゲームとしてこれを考案した。「ハミルトン閉路」とは、各点をちょうど1回だけ通って、すべての頂点を回る閉路のことである。たとえば、図3・10のグラフはオイラー閉路をもたないが、ハミルトン閉路をもつ。

どうやって、ハミルトン閉路の有無が判定できるだろうか。そして、存在する場合にはどうやってそれを探したらよいのだろうか。効率はよくないが、確実にみつけ出すには、図3・11のような探索木をつくる方法がある。最初はどの点を選んでもよく、とりあえずAを選ぶ。それにつながる点として、3つの選択肢B、E、Dがある。さらに、Bの先にはE、Cがあるというように分岐させていく。

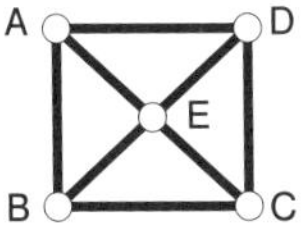

図3・10　ハミルトン閉路の1つは、ABECDA

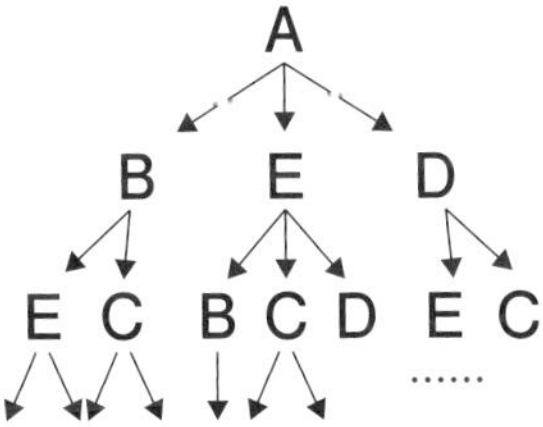

図3・11

探索の深さは頂点の数n以上にはならないから、枝の総数は高々$n! = 1 \times 2 \times 3 \times \cdots \times n$である。これらすべてについてハミルトン閉路であるかどうかをチェックすると、解があればその中にみつかる。しかし、もしなかったら、$n!$本もの枝をすべて調べてから答えを出すことになる。たとえば、n

の値を20とした場合$n!$は約2・4×10^8だから、1枝1秒で調べても7・6年かかる勘定になる。実際存在する枝の本数はもっと少なくなるだろうが、それにしても、とうてい人間の手には負えない。なんとか調べる枝の数を劇的に（多項式以内に）減らしたいのだが、その方法がみつからない。このように解を絞り込む方法はみつからなくても（みつかってもよい）、解の候補が与えられたときにはそれが正しいかどうかを簡単に（多項式時間で）確かめられる問題は「クラスＮＰ」に属するという。ＮＰは非決定性多項式時間（non-deterministic polynomial time）の略記である。ＮＰ問題の中でもっとも難しい問題が「ＮＰ完全」と呼ばれるもので、ハミルトン閉路の問題はその1つになる。

【問題12】 図3・12において、ハミルトン閉路をみつけよ（解答は51ページ）。

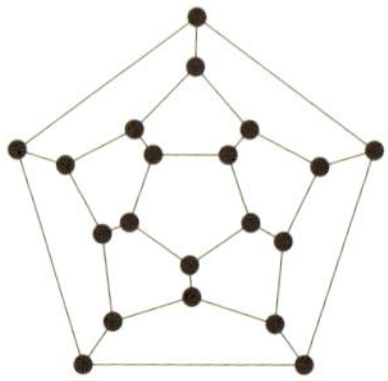

図3・12

NP完全問題の周辺

ゲームやパズルの中には、NP問題より難しいと考えられている問題もある。たとえば、つぎのような「2人しりとりゲーム」を考えよう。単語の有限リストが与えられ、その中から交互に、末尾と先頭が一致するように単語を選んでいき、新しい単語が選べなくなったプレーヤーが負けとする。単語のつながりをグラフで表すなら、同じ点を2度訪れることでハミルトン路の条件を壊したプレーヤーが負けということである。このゲームで、先手後手どちらが必勝法をもつかを判定する問題は「PSPACE（polynomial space）完全問題」というNPよりも難しいとされるクラスに属することが知られている。

序盤の章から、相当高度な話題に深入りしすぎたかもしれない。ここで知っておきたいことは、パズルには解けるものと解けないものがあり、またその判定にはさまざまな難易度があることである。ただ注意しておきたいのは、個々のグラフ、あるいは特殊なグラフがハミルトン閉路をもつかどうかの判定であれば、それぞれに効率のいい判定方法があるかもしれないということだ。(1) しかし、ここで私たちはあらゆるグラフに共通した判定法の難易度を議論しているのである。

たんにハミルトン閉路をみつけるだけでなく、辺ごとに重み（移動コスト）を定め、辺の重みの総和が最小になるようなハミルトン閉路をみつけるのが、いわゆる「巡回セールスマン問題」である。つまり、セールスマンが所定の都市を1回ずつ巡回する場合の総コストを最小にするルートをみつける問題である。これも、ハミルトン閉路の問題と同じくNP完全である。

ナイト・ツアー

もう1つハミルトン閉路に関係するパズルとして、「ナイト・ツアー（knight's tour）」を紹介しよう。これは、1つのコマ（ナイト）でチェスボードのすべてのマス目を1回ずつ巡回させる遊びである。ナイト（騎士）は、将棋の桂馬を強めた動きをするコマで「八方桂」とも呼ばれる。すなわち、それは上下か左右に1マス進み、さらに斜めに1マス進むという動作を1手で行う（図3・13）。

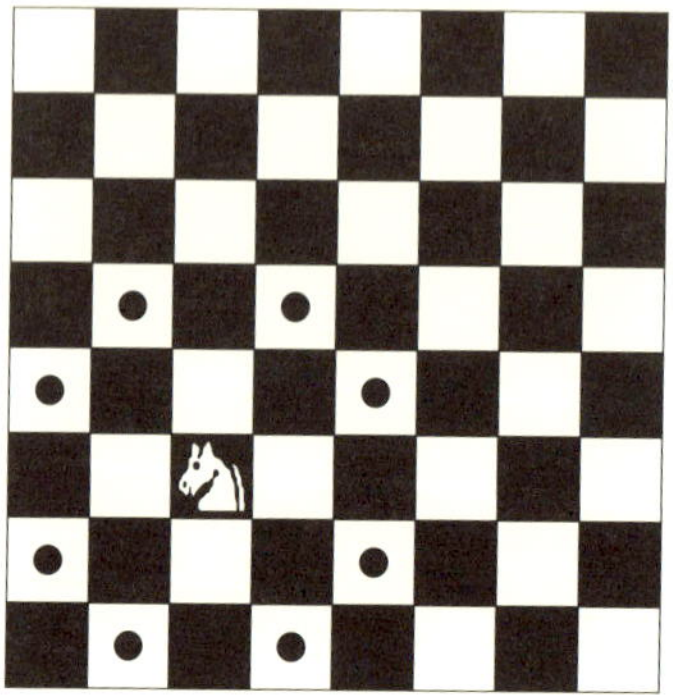

図3・13

再び、18世紀の天才数学者オイラーの登場である。オイラーについては、先に「ケーニヒスベルクの橋」に対する彼の解答を紹介したが、「ナイト・ツアー」についてはさらにくわしく検討して、論文を書いている。ナイト・ツアーの解はたくさんあるのだが、解を探す途中で行き詰まったときにルートを修正しながら解の1つに至る方法をオイラーは考案した。また始点と終点が一致するような巡回閉路をみつける方法を示したり、ボードのサイズや形を変えた場合の解の存在について議論したりもしている。いずれにしろ、何らかの合理的なアルゴリズムで解が求まるのだからこれはクラスPに属する。

オイラーがあまりに偉大だったので、つぎの解（図3・14）も彼の作とする説明をみかけるが、それは間違いのようだ[2]。この解のどこがすごいかというと、順路に従ってマス目に番号を入れると縦横どの列の数字の和も260になっていて、さらにはどの列の半分も130になっていることだ。しかし、ここまでくれば、対角線上の数字の和も260になるような「魔方陣」はできないかと誰しも思うだろう。これこそ、幻の「マジック・ツアー」の問題だ。ちなみに、オイラーは「魔方陣」の論文も書いているが、それとナイト・ツアーを関係付けたという資料は残されていない。マジック・ツアーの問題は150年以上未解決だったが、二〇〇三年コンピュータを駆使して8×8のマジック・ツアーは存在しないことが証明されてしまった[3]。

つぎに、ナイト・ツアーを一般化して考察しよう。$m\times n$ボードのナイト・ツアーは、グラフのハミルトン（閉）路の問題として扱うことができる。つまり、各マス目を頂点とみて、ナイトが移動できる頂点同士を辺でつないだグラフを考えればいい。このグラフのハミルトン（閉）路がナイト・ツアーの解である。しかし、ハミルトン（閉）路をみつけるうまいアルゴリズムはないので、グラフの特殊性を利用して解法を探すことになる。8×8のボードの場合、4つの小ボードに分けるよく知られた解法もあるが、一般にはボードを2つに分けて、半分のサイズでそれぞれ解をみつけて、それらをつなぐという方法が有効である。この考え方で、つぎの命題が証明される。

1	48	31	50	33	16	63	18
30	51	46	3	62	19	14	35
47	2	49	32	15	34	17	64
52	29	4	45	20	61	36	13
5	44	25	56	9	40	21	60
28	53	8	41	24	57	12	37
43	6	55	26	39	10	59	22
54	27	42	7	58	23	38	11

図3・14　ナイトは1→2→3→…→64と進む

【命題】 $\min(m, n) \geq 5$ のとき、$m \times n$ ボードのナイト・ツアーは解をもち、とくに m か n が偶数のとき閉路解をもつ。[4]

解がない場合について少し考察してみよう。3×3ボードが解をもたないことは、中心のマス目に移動できるマス目がないので明らかである。しかし、中心を除けば、図3・15のように閉路ができる。

これを利用すると、3×4のボードでは、図3・16のような解（0から始める）を得る。

6	1	4
3	×	7
8	5	2

図3・15

9	6	1	4
0	3	10	7
11	8	5	2

図3・16

【問題13】 3×5のボードで、ナイト・ツアーは解をもたないことを示せ。

【解答】 巡回路があったとして、矛盾を導く。マス目に図3・17のように名前をつけておく。

4隅のAは、中央のCと1つのBに桂馬跳びでつながっている。巡回路においてCはたかだか2つのAとつながるだけだから、残り（2つ以上）のAは1つのBだけにつながり、Cにはつながらない。つまり、それらのAは巡回路の始点と終点になる。すると、Dは始点や終点ではないので、2つのEとつながることになり、2つのDと2つのEが閉路をつくり、全体が巡回路にならない。

A	B	E	B	A
D	F	C	F	D
A	B	E	B	A

図3・17

最後に、もう一度まとめを述べておく。おおよそ手で計算できる程度ならその判定問題はクラスPに入り、簡単に判定はできないが、解の候補が与えられたときにそれが正解であることの検算くらいなら手計算でもできるものがクラスNPに入る。P問題は、必ずNP問題である。しかし、逆は未解決で、たぶん成り立たないと信じられている。つまり、NP問題で一番難しいとされるNP完全問題は、たぶんクラスPには属さないと思われている。これは、前世紀から残された数学の7つの難問の1つである。

【チャレンジ問題14】 3×6や4×4のナイト・ツアーは解をもたず、3×7や4×5などはもつことを示せ。

【問題12の解答】 たとえば、つぎのようなものがある。

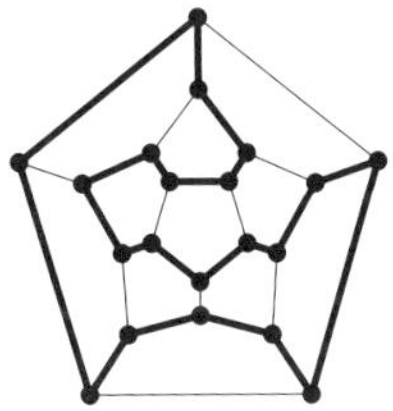

図3・18

(1)「どの頂点もグラフの半分以上の頂点と隣接しているようなグラフ(2頂点だけの場合を除き)は、ハミルトン閉路をもつ」というディラックの定理がある（物理学者のディラックではない。鳩ノ巣原理を使い、簡単に証明できる）。

（2）文献で知る限り、これはウィリアム・ベバリーの作（一八四八年）であり、オイラーより一世紀遅れている。

（3）G・スターテンブリンク他の仕事。なお、12×12のマジック・ツアーは発見されている。

（4）Paul Cull and Jeffery De Curtlns, KNIGHT'S TOUR REVISITED, Fibonacci Quarterly. Retrieved 5 August 2012. http://www.fq.math.ca/Scanned/16-3/cull.pdf

❹
15 パズル、あみだくじ、ルービック・キューブ

15パズル

では、チューリングの最後の作品「解ける問題と解けない問題」(巻末附録)を繙いてみよう。最初に登場するのが、これから説明する「15パズル」である。正方形の枠の中に1から15の数字が書かれた正方形の小ピースが置かれ、1カ所だけ空マスになっている。その空マスに接しているピースを空マスの場所にスライドすることによって、ピースをつぎつぎ移動させて、初期配置を特定の配置に並べ替えるのが与えられた課題だ。じつはこのパズルでは、求められた並べ替えがつねに可能なわけではない。しかし、可能かどうかを判定するうまい方法が存在するのである。

まずは、具体例として、チューリングが与えているつぎの問題をみてみよう。

【問題15】 スライド操作で、Aの配置からBの配置に並べ替えることはできるだろうか？

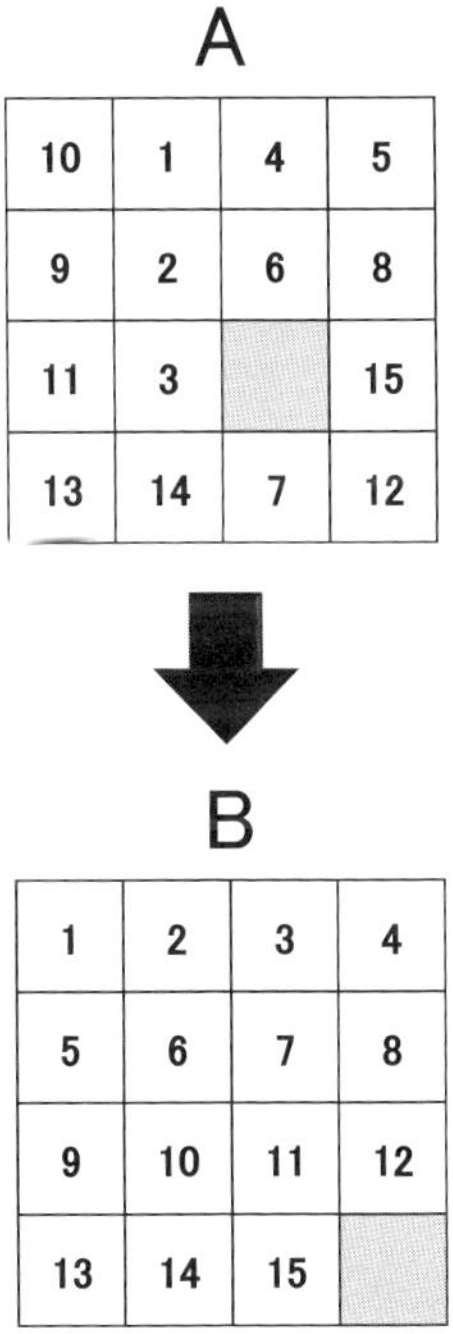

図4・1

【解答】 可能である。原文では、単純に上段から数を並べるやり方で、94手の解を示している。しかし、つぎの順番でピースをスライドさせれば、38手の最短解もある。15、8、5、4、6、15、7、12、8、7、15、2、9、10、1、6、2、5、7、8、12、15、3、11、10、9、5、3、11、10、9、5、6、2、3、7、8、12。

これは1つの個別問題の解答だが、私たちがほしいのは、解があるかないかの一般的な判定法である。その前に、つぎの問題を考えてみよう。

【問題16】 スライド操作で、図4・2のAの配置からBの配置に並べ替えることはできるだろうか？

A

1	2	3	4
5	6	7	8
9	10	11	12
13	15	14	

B

1	2	3	4
5	6	7	8
9	10	11	12
13	14	15	

図4・2

これは19世紀末にパズル作家として有名だったサム・ロイドが1000ドルの賞金を懸けた問題で、「15−14問題」とも呼ばれて、世界中で大流行した。じつは、この問題は解けないことを知っていて、ロイドは賞金を懸けたらしい。チューリングの解説では、「士目的から外れる」として、簡単な説明しか与えていないが、パズルの数理を理解する上で大切なところなので、なぜ解けないのかを、これからじっくりみていこう。

正確な話の前に、解法のツボを示しておく。まず、「15パズル」をつぎのような「ウルトラ16パズル」に強化する。空マスには数字「16」のピースを置き、新ルールとして、どの2つのピースも（隣り合わなくても）1回で交換できることにする。こうすれば、どんな配置も実現できることは明らかだ。だが、重要なのは、ゴールまでのピース交換（互換）の回数である。初期配置から目的配置に至る手順はいろいろあるのだが、最初と最後の配置が決まれば、互換の回数は偶数か奇数かに決まるというのが、これから示す驚きの事実だ。たとえば、「15−14問題」の場合、「ウルトラ16パズル」で考えると、明らかに1回の互換でゴールを実現できるので、どのような手順に直しても奇数回の互換になる。「15パズル」におけるあるピースのスライドは「ウルトラ16パズル」における「16」との互換であるから、「15−14問題」の解があればそれは互換の列ともみなせ、奇数回のスライドになるはずである。ところが、「15パズル」の空マスの動きに注目すれば、奇数回のスライドで空マスを初期位置に戻すことは不可能である。よって、「15−14問題」は解をもたない。

あみだくじと互換

急に話が飛ぶが、「あみだくじ」を知っているだろう。本来の阿弥陀くじは、ひもや細い棒を人数分用意し、一方の端にアタリやハズレの印を付けて束ね、他端を阿弥陀仏の後光のように広げ、参加者がその端を選ぶことでアタリ・ハズレを決めるものだ。しかし、ご存じのように、現在は、平行線の間に横棒を入れて、両端の対応関係をわかりにくくした図のことを「あみだくじ」と呼ぶ。たとえば、図4・3（上）は、1をCに、2をAに、3をBに対応させるあみだくじである。横棒がなければ、1はAに、2はBに、3はCに行くのだが、横棒が入るとそこで左右のつながりが入れ替わる。図4・3（下）のように、1とC、2とA、3とBをそれぞれ直線で結ぶと、2つの交点が現れるが、その点を横に引き延ばしながら形を整えれば、上のあみだくじと同じものになる。くり返しになるが、あみだくじの横棒は左右の数字の交換（互換）を表し、あみだくじは互換の組で形成されている。

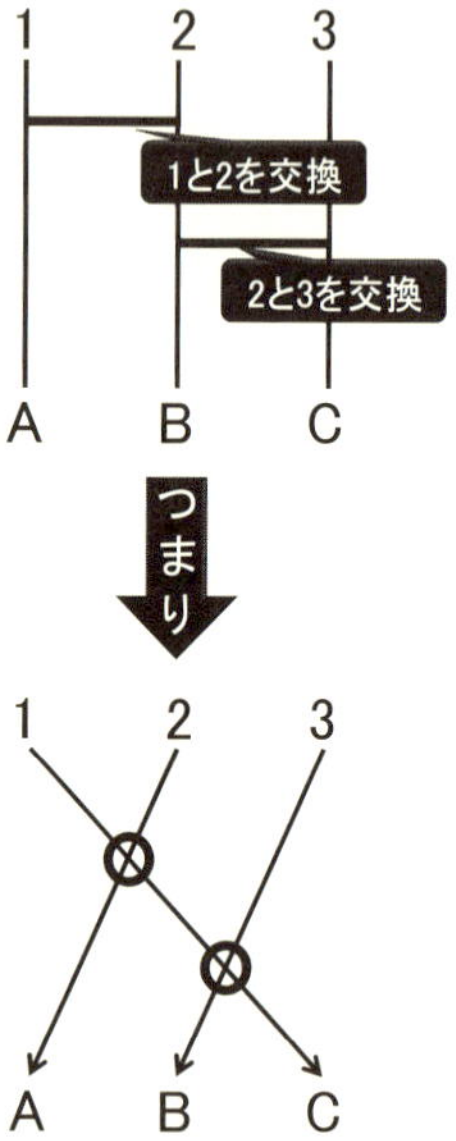

図4・3

15パズルに戻ろう。まず話を簡単にするため、2×2のボードで1から4までの数字を並べ替えることを考える。4は空マスとみなしてもよい。

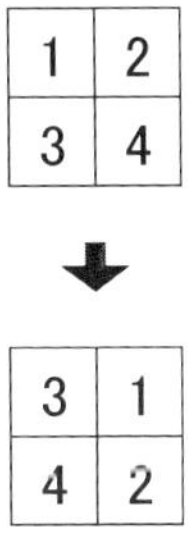

図4・4

図4・4は、(1 2 3 4)という列を(3 1 4 2)という列へ並べ替える問題とみなすことができる。つまり、1を2の位置に、2を4に、3を1に、4を3に移動する問題である。この移動を直線で図4・5(上)のように表せば、3つの交点(互換)ができる。それらの互換を横棒にして、数字の並べ替えをあみだくじで表せば図4・5(下)になる。このように、どんな数列の並べ替えも、あみだくじで実現できるのだ。

図4・5

同じ並べ替えを、線の結び方を少し変形させてみたらどうなるだろうか。そうすると、交点の数は変わってくる。しかし、いくら線を曲げて他の線をまたぐことになっても、結局スタートとゴールの位置が同じであれば、またいだ線は再びまたいで戻るしかない。つまり、交点の数が増えるならその増加は必ず偶数個である（図4・6（上））。対応するあみだくじについても同様で、同じ並べ替えを表すあみだくじでは、横棒（互換）の数の差は必ず偶数である（図4・5（下）と図4・6（下））。

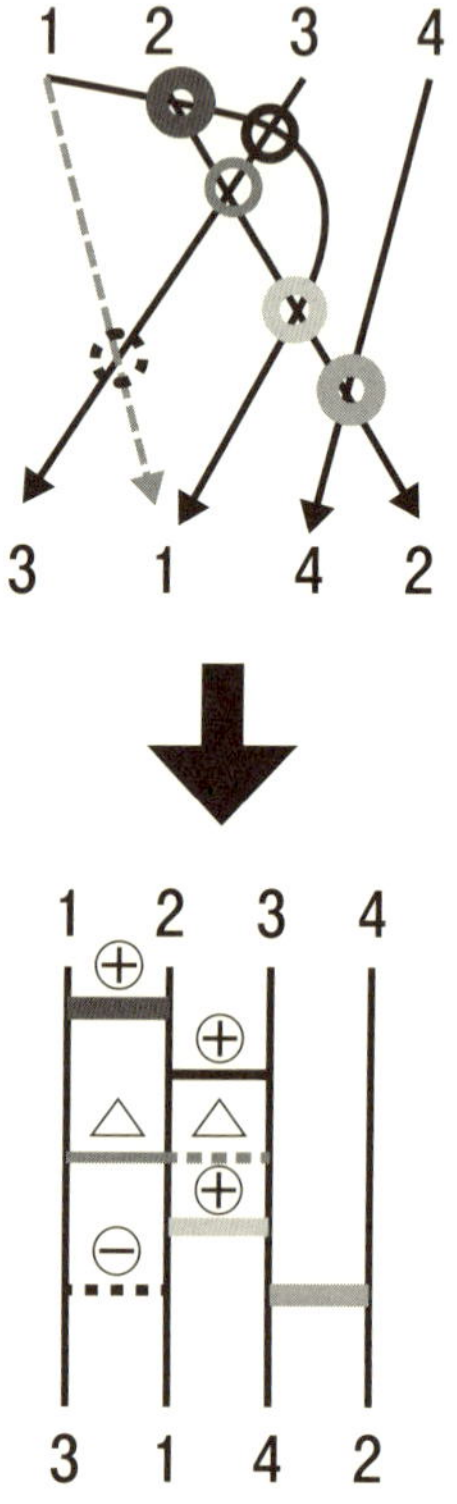

図4・6

⊕　増えた横棒
⊖　消えた横棒
△　移動した横棒

【命題】　ある並べ替えを表すあみだくじの横棒（互換）の個数は、表現によらず偶数か奇数に定まる。

あみだくじを改良して、離れた数字の交換（一般の互換）を許すようにしても、（一般）互換の個数は表現によらず、偶数か奇数に定まる。図4・7で、左下の改良あみだくじの1本の横棒は、これまでのあみだくじの5本の横棒で表現されている。

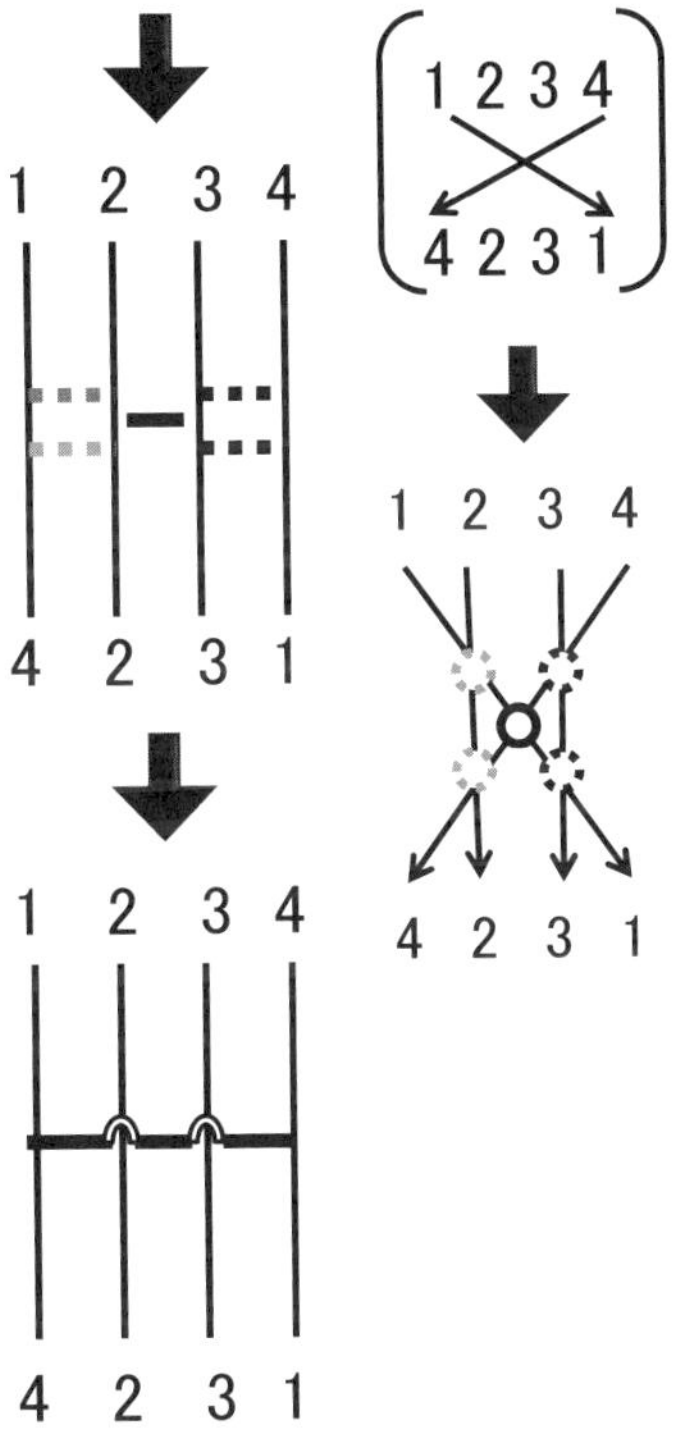

図4・7

偶置換と奇置換、そして15－14問題

では、4×4ボードに話を戻そう。ボードが大きくなっても、この種のパズルは（一般）互換による数の並べ替えとみなすことができる。そして、どのような並べ替えも、偶数個の互換か、奇数個の互換によって実現され、両方にはならない。したがって、「15－14問題」が解けるとすれば、15と14の置き換えは1つの互換であるから、その解は奇数個の互換で実現できなければならない。一方、ピースのスライドは空マスとの互換である。いま、空マスの移動に注目してみると、空マスの位置は最

終的に元に戻るので、上下にも左右にも同じコマ数移動することになる（図4・8）。

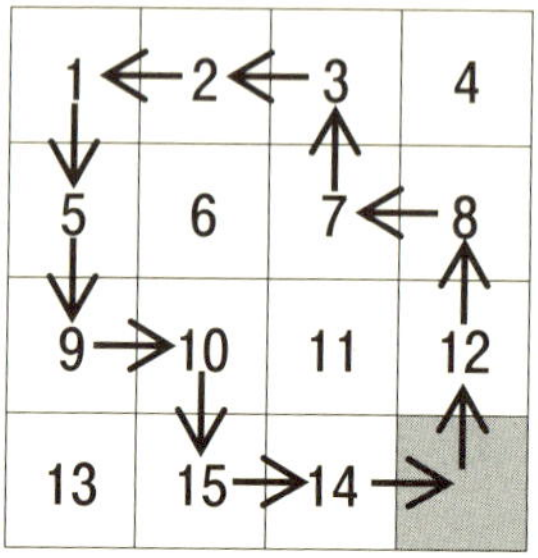

図4・8

空マスを初期位置に戻すなら、空マスの移動総数が偶数であることは明らかである。よって、解は偶数個の互換で実現されることになるが、「15－14問題」が解けるとすれば、奇数個の互換で実現するという先の考察に反する。以上から、「15－14問題」は解けないという結論が得られた。

ここで、すでにわかった事実を数学用語とともに整理しておこう。数列の並べ替えを「置換」という。とくに、2つの要素だけを交換する置換は「互換」と呼ばれる。また、奇数（偶数）個の互換の組で表される置換を奇置換（偶置換）という。すべての置換は、奇置換と偶置換に二分され、どちらにも属するようなものはない。とくに、互換は奇置換であり、15と14の置き換えも奇置換であるから、偶置換で実現されることはない。

15パズルの一般的解法

では、初期配置が目的配置の偶置換になっている場合には、空マスの移動だけでつねに実現できるだろうか？ これが示せれば、「15パズル」の解の存在は、配置の偶奇だけで判定できることになる。つまり、図4・5のように初期配置と目的配置を線で結んで交点の数の偶奇で判定できることになる。以下で、それを証明しよう。

最初に一般的な事実として、偶置換は3巡回の組み合わせで表せることを示す。ただし、n（次）巡回とは、n個の数i_1、i_2、…、i_nの置換で、$i_1 \to i_2 \to \cdots \to i_n \to i_1$のように移動させるものであり、$n-1$個の互換で表せる。とくに3巡回が2つの互換で表せることに注意しておく。逆に、任意の互換のペアが3巡回で表せることを示したい。

互換のペアは本質的に2種類ある。1つめは、互換の要素が重なるときである。図4・9（≅の上）は、1と2の交換、2と3の交換のペアを表し、図4・9（≅の下）は1を3の位置に、2を1に、3を2に移動する3巡回を表している。両者は同じ置換である。なお、①や⓵などは単に場所を表すもので、図4・5のように下段で並べ替えた数の配置を表すのとは表記法が異なる。

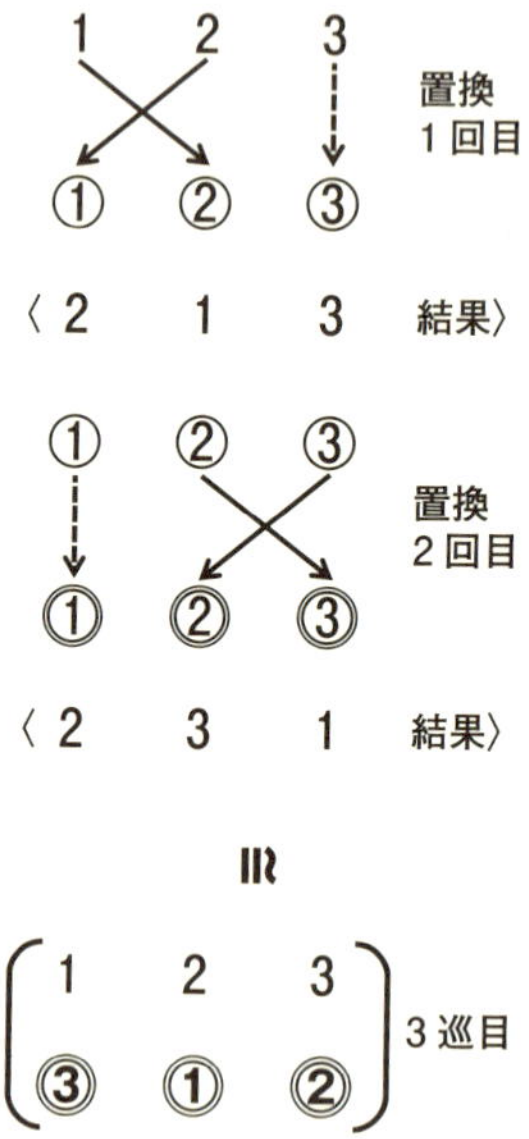

図4・9

2つめのケースは、2つの互換が共通要素をもたないときであるが、これは図4・10のように2つの3巡回の結合で表せる。

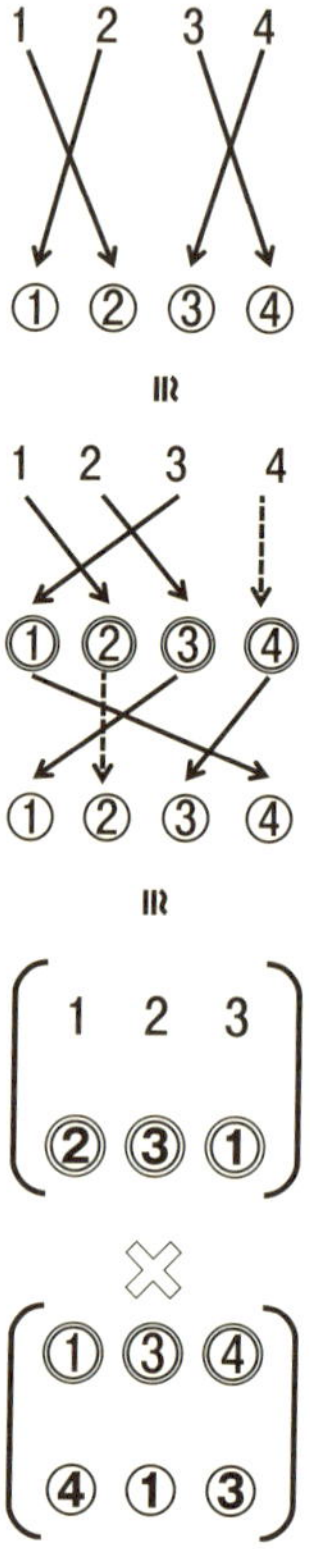

図4・10

どの互換のペアも3巡回で表せるとすれば、偶置換は3巡回の組み合わせで表せる。したがって、15パズルにおいては3つのピースの入れ替えがスライド操作で実現できれば、どの偶置換も実現可能になる。たとえば、図4・11において、ABCをBCAに置き換えられればよい（それ以外のピースは一時的に動かしても元に戻す）。なお、ABCを時計回りにCABにしたければ、反時計回りの置換を2回行えばよい。

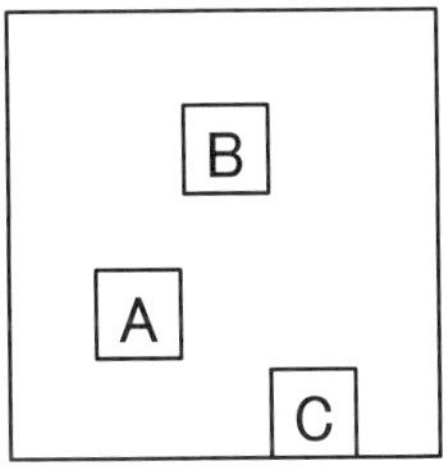

図4・11

これは、おおよそつぎのやり方で実行できる。まず、A、B、Cおよび空マスをどこか1カ所にまとめ、そこで3つのピースを適当に回転させて、最初の移動と逆の操作で元に戻す。図で説明すると、まず図4・12（上）のようにAを左上隅に手順fで移動、Bを手順gでAの右隣りへ移動、Cを手順hでAの下に移動し、同時に空マスがその右隣りになるようにする。そして、3つのピースを回転させ、図4・12（中）のようにする。それから、Aを手順hの逆操作でCの元の位置に送り、Cを手順gの逆操作でBの元の位置に送り、最後にBを手順fの逆操作でAの元の位置に送る。このとき、当然A、B、C以外のピースも動くが、3つの逆操作の連続実行により、すべて最初の位置に戻る。

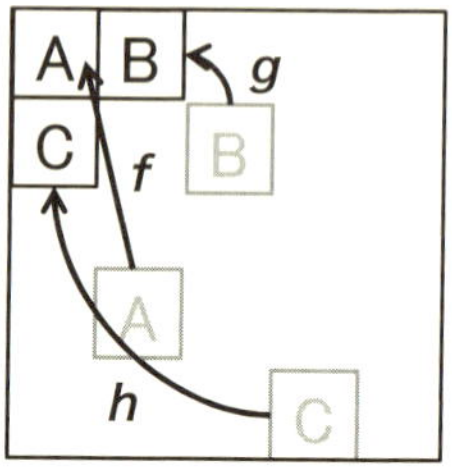

A、B、C を順に f、g、h によって隅に移動

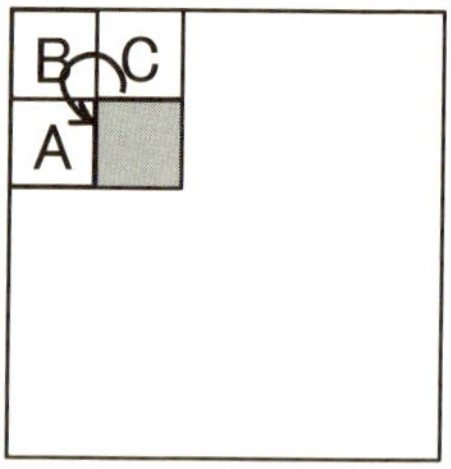

回転

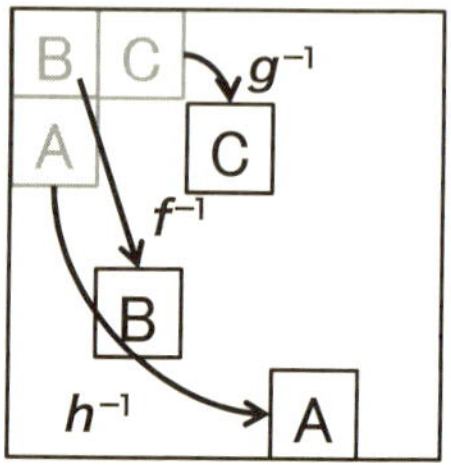

A、C、B を順に h^{-1}、g^{-1}、f^{-1} によって戻す

図 4・12

以上は、あくまで解法の概略であり、これを厳密に実行するには、さらに細かい場合分けが必要である。また、効率を考えるなら、3つのコマを隅に集めるよりも、どれか1つのところに他の2つを集めるほうがよいだろう。いずれにしろ、解を得るための実用的手段とはいえない。それでも解の存在を見通す上では重要な考え方であるし、また必要に応じて部分的に使うには役立つ方法である。

現実的にはどのように解を求めたらいいだろうか？ 基本的なアイデアは、チューリングが具体例で示しているように、最上段から数字をそろえていき、不ぞろいな領域を狭めていくという方法であろう。また、コンピュータを使うなら、つぎの視点も加えるとよい。各ピース（空マスを除く）の現在地と目的地のマンハッタン距離（2点を対角とする長方形の縦横の長さの和）の総和を、その配置の評価値とする。評価値が0になれば、目的の配置が得られたことになるので、各ステップではなるべく評価値を下げるような手を選ぶのだ。もっとも、単調に評価値を下げていくことはできず、また1回のスライドで評価値はプラスマイナス1変動するだけだから、最短解でもその長さは評価値を下まわらない。

ルービック・キューブ

一九八〇年代に大ブレークしたパズルに、ハンガリーの建築家エルノー・ルービック教授が発明した立方体のメカニカル・パズルがある。チューリングの時代にはなかったので、もちろん彼の解説では扱っていないが、15パズルと同じく置換の問題であるから、これまでの議論がかなり使える。いわゆる「ルービック・キューブ」にもいろいろな変種があるのだが、オリジナルは3×3×3のピースからなる立方体で、各面9個の正方形を同じ色にそろえることが目的である。

さらにくわしくみると、この立方体は、3つの外面をもった8個のコーナー・キューブ、2つの外面をもった12個のエッジ・キューブ、外面を1つだけもつ6個のセンター・キューブ、そして外面をもたない中心核で構成されている（図4・13）。基本操作は、1つのセンター・キューブを囲む4つのコーナー・キューブと4つのエッジ・キューブを、同時に90度回転させるものである。

ここで、私たちの問題は、ルービック・キューブをばらばらに分解して、適当に合体したとき、6面の色をそろえることができるかどうかだ。難しい問題のようだが、それができる配置とできない配置があることは、15パズルの場合とほぼ同じように証明できる。まず、6つのセンター・キューブは固定されていると考えて、その周りを8個のコーナー・キューブと12個のエッジ・キューブが惑星のようにぐるぐる回っていると思ってほしい。20個の惑星が、基本操作でどのように並び替わるか考えてみよう。1つの基本操作によって、4つのコーナー・キューブと4つのエッジ・キューブが同時に回転する。つまり、この操作は、2つの4巡回の組み合わせになっている。1つの4巡回は3つの互換で表せるので、回転の基本操作は6つの互換による偶置換である。すると、どのように基本操作を組み合わせても偶置換しかでてこない。このことから、たとえば2つのコーナーが入れ替わっている

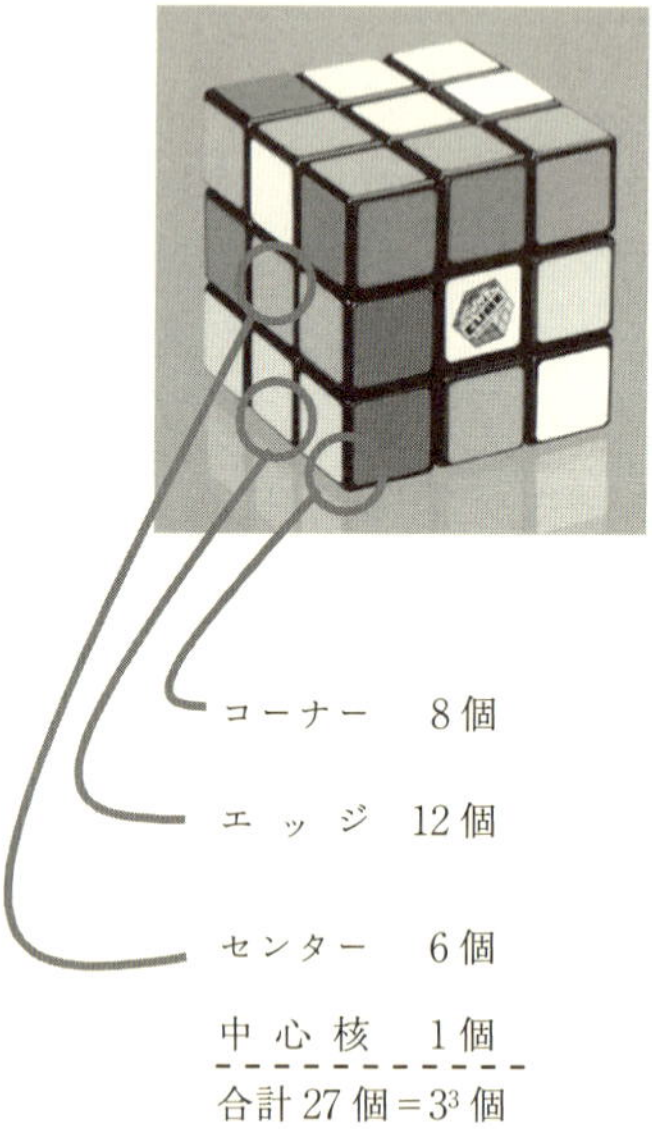

図4・13

ような状態はもとに戻せないことがわかる。これは、15−14問題と同じである。

ここまでは、コーナー・キューブやエッジ・キューブの向きを考えていなかった。細かくみると、エッジ・キューブについては、2つの外面が入れ替わっている場所の総数で偶奇に分かれるし、コーナー・キューブについては、3つの外面の向きが時計回り（プラス1）と反時計回り（マイナス1）にずれている場所の総数を、3を法として3つに分けることできる。つまり、初期配置は2×2×3=12のクラスに分けられ、その中の1つのクラスの配置だけが基本操作で正しい解をもちうる。では、そのクラスの中でどのように解を求めるかだが、それについては何冊も攻略本[1]が出版されているし、インターネットのウェブ・ページにもくわしい解説がいくつもみつかるので、興味のある方は検索してみていただきたい。

（1）　島内剛一『ルービック・キューブと数学パズル』（日本評論社、二〇〇八）など。

1
2
3
4
5
6
7
8
9
10
11
12
13
14
15

❺

結び目、知恵の輪、迷路

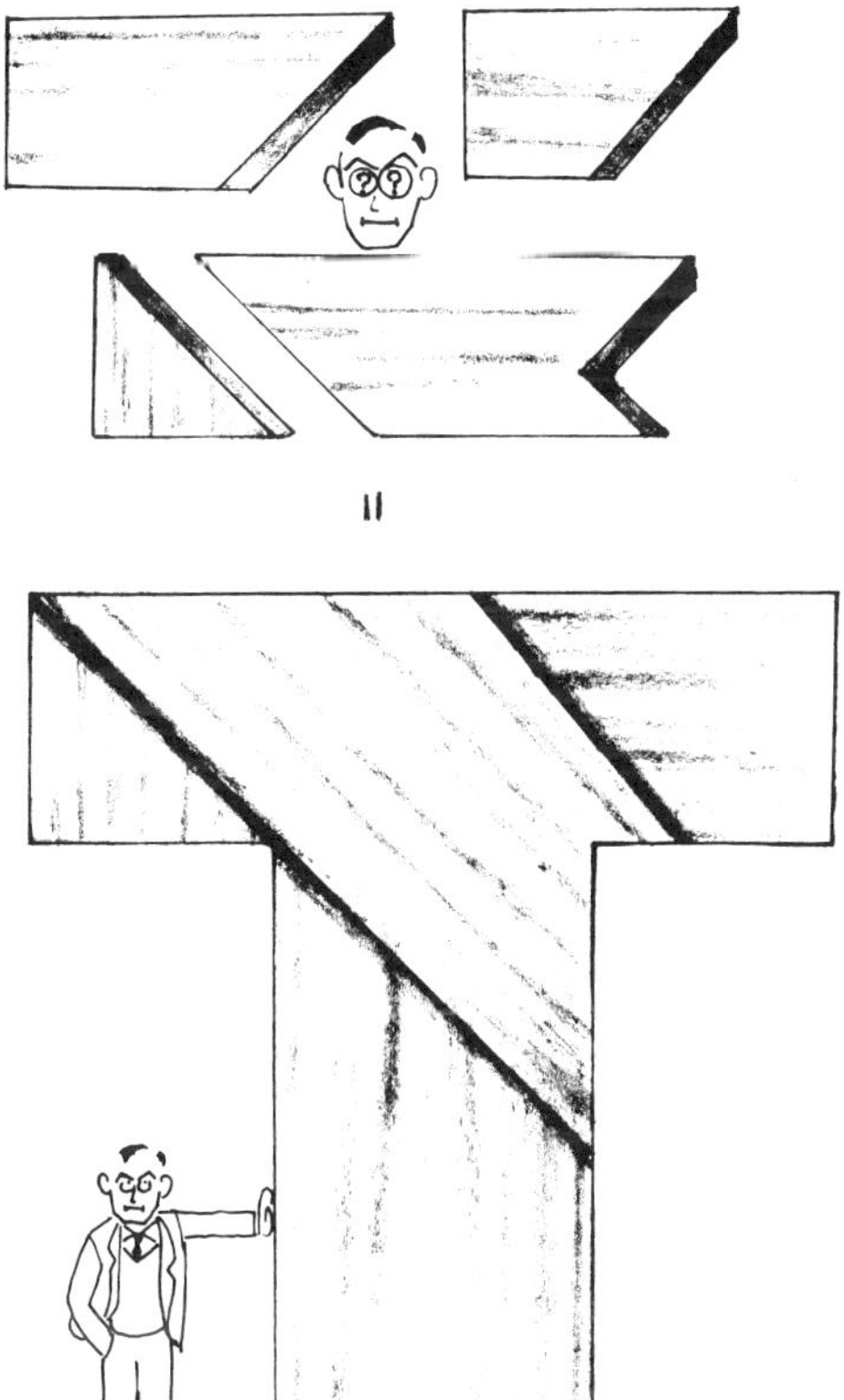

結び目

チューリングが15パズルのつぎに取り上げたパズルは知恵の輪で、そのあと結び目の話になるのだが、本章では、数学的な研究がより進んでいる結び目を先に扱う。

意図せずつくってしまった結び目がなかなか解《ほど》けなくて困った経験は誰しもあるだろう。すぐに解けないからこそ、古代では結び目が契約書の代わりになり、また不思議な神力を宿すとも考えられた。なかでも、紀元前にフリギアのゴルディアスがつくったとされる難解な結び目は、これを解いたものがアジアを制するといわれ、若きアレキサンダー大王はこの結び目を一刀両断で解体したという伝説がある。そこから「ゴルディアスの結び目」は、大胆な方法で難題を解決する喩えになった。

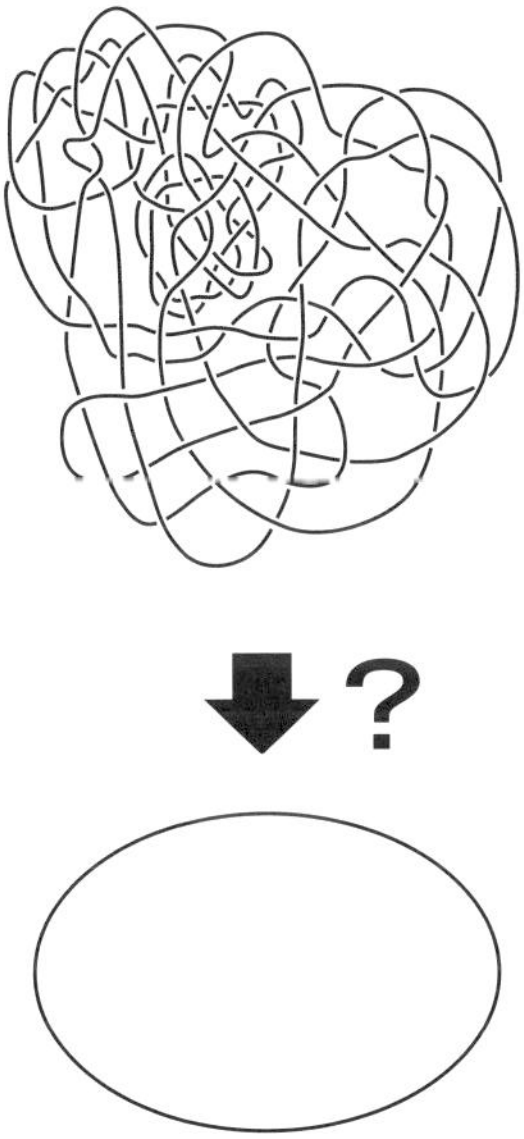

図5・1

「結び目（ノット）」の数学的な定義は、3次元空間内の単純閉曲線、つまり絡んだ1本のひもの両端を結んでつくられるようなものだ。ちなみに、2本以上を絡ませたものは「絡み目（リンク）」と呼ばれる。簡単な結び目としては、図5・2のような「自明な結び目」「三葉結び目（左手型）」「8の字結び目」がある。

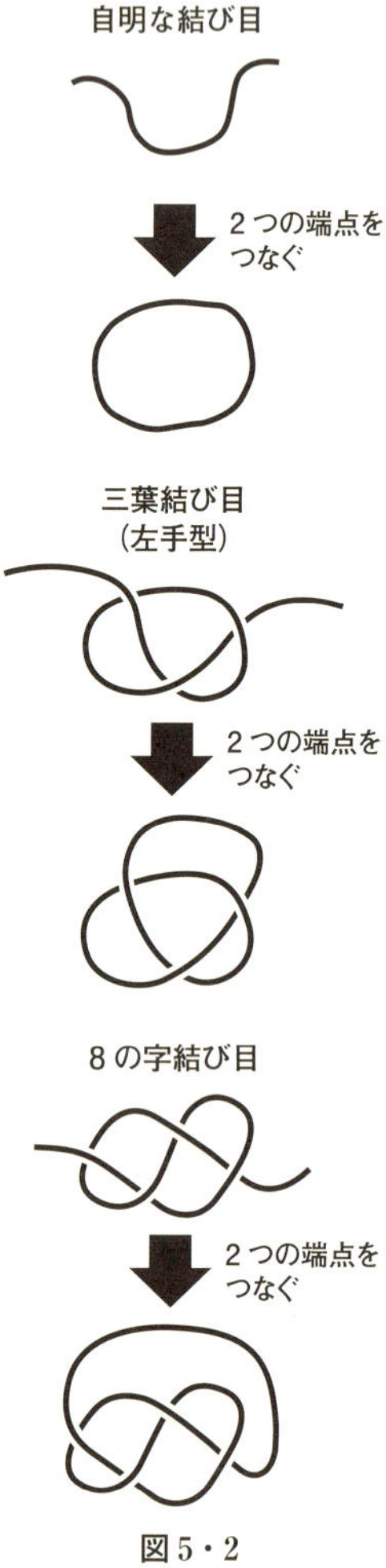

図5・2

結び目を解く操作は、どう定義したらいいだろうか？　数学的には、図5・3の3種の操作（「ライデマイスター移動」）をくり返して得られるものを同じ結び目と考え、この操作で自明な結び目に変形できれば、結び目は解けるという。

ライデマイスターというのは数学者の名前で、ライデマイスター移動は普通にひもの一部をつまん

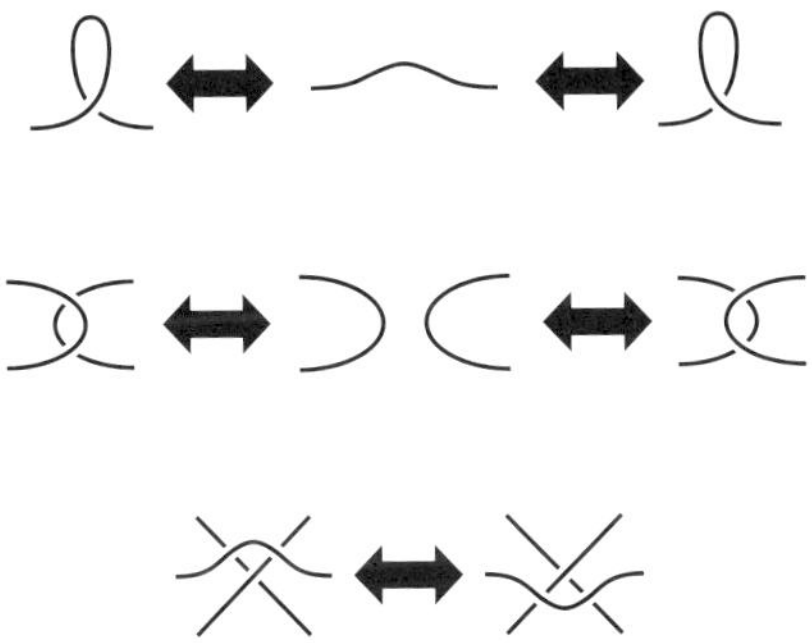

図5・3　ライデマイスター移動

で動かすだけのことだ。これらが可逆な操作であることに注意しておく。それでも、2つの結び目が同じものかどうか、結び目が解けるかどうかの判定は、想像以上に難しい。たとえば、8の字結び目は図5・4で示すようにその鏡像と同じだが、三葉結び目の場合はそうでない。そうでないことを示すには、15パズルの配置を偶奇で分類したように、結び目全体をクラス分け（各クラスの結び目はライデマイスター移動しても同じクラスに属する）して、三葉結び目とその鏡像は別のクラスに属するという議論が必要である。実際、そのような議論は知られているのだが、説明が長くなるので、ここではたんに三葉結び目が解けないこと、つまりそれと自明な結び目（円）が別のクラスになるようなクラス分けがあることを示そう。

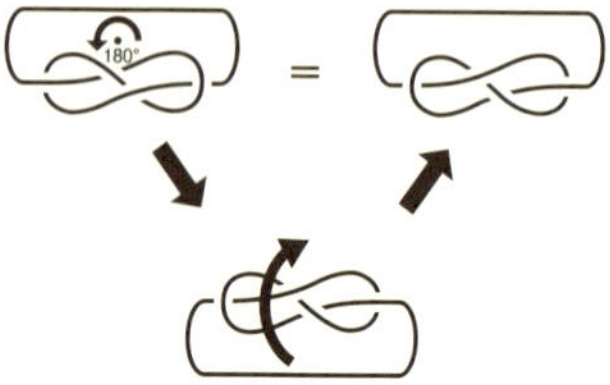

8の字結び目＝その鏡像

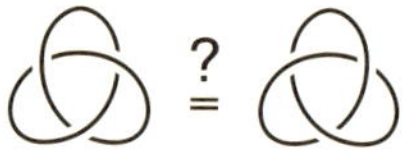

三葉結び目（左手型と右手型）

図5・4

結び目を以下の条件のもとで3彩色可能なものとそうでないクラスに分類する。その条件とは、結び目を2次元平面へうまく投影させたとき、交差点の下以外では色を変えず、交差点の下で色を変える場合は、上をまたぐ辺の色と異なる2色にするというものである。つまり、交差点の近くでは、図5・5のように3色か同一色で塗られている。なお、3本のひもが1点で交わるような投影は考えない。

図5・5

もしも、このように3彩色可能であれば、その結び目をライデマイスター移動したものも同様に3彩色可能であることが示せる。たとえば、図5・6のような移動は、3彩色可能性を保存することがわかる。他の移動についても簡単なので各自確めてほしい。

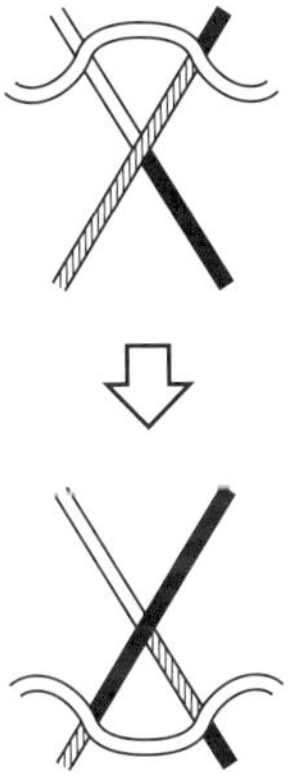

図5・6 外に接する部分は移動後も色が変わっていないことに注意

いま、三葉結び目の3彩色はつぎのように可能である（図5・7）。

図5・7

したがって、自明な結び目（円）が三葉結び目からライデマイスター移動で得られるなら、それも3彩色可能になるはずだが、交差点がないので1彩色以外ではあり得ない。

さて、チューリングは結び目の判定についてどう考えたのだろうか？　彼は、結び目を文字列で表し、ライデマイスター移動などを文字列の置換で表す方法を提案している。しかし、第7章で示すように文字列の置換パズルは一般的には決定可能でないため、この方法によって結び目が解けるか否かに関する情報は何も得られない。つまり、特殊な置換パズルとして、判定可能かもしれないし、そうでないかもしれないのだ。彼はどちらだとも明確にはしていないが、たぶん決定不能になるだろうと述べている。

実際、結び目が解けるか否かの決定アルゴリズムは、W・ハーケン（一九六一年）によって最初に発見されている。その後、結び目の可解性判定は計算複雑さのクラスNPに入ることが証明され、NP完全ではないことを示す結果もごく最近発表されている。他方、2つの結び目が等しいことの判定アルゴリズムはG・ヘミオン（一九七九年）によって提案され、その後何人かの手で修正された。その計算複雑さについては研究の最先端の話であるから、専門書にまかせよう。

知恵の輪

順番が逆になったが、チューリングが解けるか否かを判定可能としているのが、「知恵の輪」である。とくに、2本以上の太くねじれたワイヤーを引き離すパズルについて彼はつぎのように考察する。

もしも2本のワイヤーをふれ合わないで引き離すだけの間隔があるとすれば、0・1ミリくらいは幅に余裕があるだろうから、ワイヤーの位置も0・1ミリ程度の精度で特定できればよい。それゆえ、「本質的に異なる」配置の数は、2、3億程度想定すればよいだろうと彼はいう。しかし、この見積もりはかなり楽観的だと私は思う。というのは、絡み合ったワイヤーが1辺10センチの立方体の中にあるとして、各座標の目盛を1000くらいに刻むと、ワイヤーの1点の3次元座標だけですでに10億通りもあるからである。簡単に解ける知恵の輪ならば、2つのワイヤーの隙間の形を観察し、それぞれの隙間をどのような向きに合わせれば外れるかゴールの形を推定した上で、ワイヤーの動く領域を確認しながら、ゴールの形にもっていけば、場合の数をかなり減らせるかもしれない。しかし、解けるか解けないかわからないような問題であれば、このように解の範囲を予測することは難しいので、現実的な計算量では収まらないのではなかろうか？　チューリングはごく簡単な知恵の輪だけを考えていたのかもしれない。

図5・8　知恵の輪と仲間たち

複雑な知恵の輪になると、可動するワイヤーがいろいろ組み合わさっていて、単に隙間の形を観察するだけでは解けない。可動部をどのタイミングでどの位置にもっていくかまで考える必要がある。以下では、そういった知恵の輪の代表である中国の「九連環」について説明する。そもそも「知恵の輪」はこのパズルの日本名であった。

九連環

秦の昭王が斉国に贈ったとか、諸葛亮が妻のために考案したとかいう信憑性の定かでない言い伝えがある。明清代にはこの難しいパズルを解けるような人と結婚したいという内容の女性歌が大流行した。[1] ヨーロッパにおける最初の記述は一五〇〇年頃のルカ・パチョーリの本『量の力』にある。その後、カルダノがくわしく研究し、ヨーロッパでは「カルダノの輪」とも呼ばれる。

このパズル、そもそも環の個数はいくつでもよくて、数や形を変えたバリエーションが多数ある。原型に従えば、9つの環は各々台座から出ている棒で支えられており、その棒は上下に移動が可能である。すべての環は1本の細長い0字形の棹で串刺しになっているが、台座からの支えが邪魔して簡単には棹を抜き取れない。しかし、特定の環はある条件が満たされる場合に、0字をくぐって外すことができる。

どの知恵の輪もそうだが、実際に手にとってみないと、たとえ何枚写真をみせられても、どの部分がどう動くかという感覚はつかみにくいだろう。インターネットで中国の動画を検索して、動かし方をみていただくといいかもしれない。しかし、ここでは数学的定式化から入らせていただこう。すなわち、k番目の環R_k（図5・9（上））はつぎの条件が満たされるとき、またそのときに限って、棹から外すことができ、また逆に棹にはめることもできる。

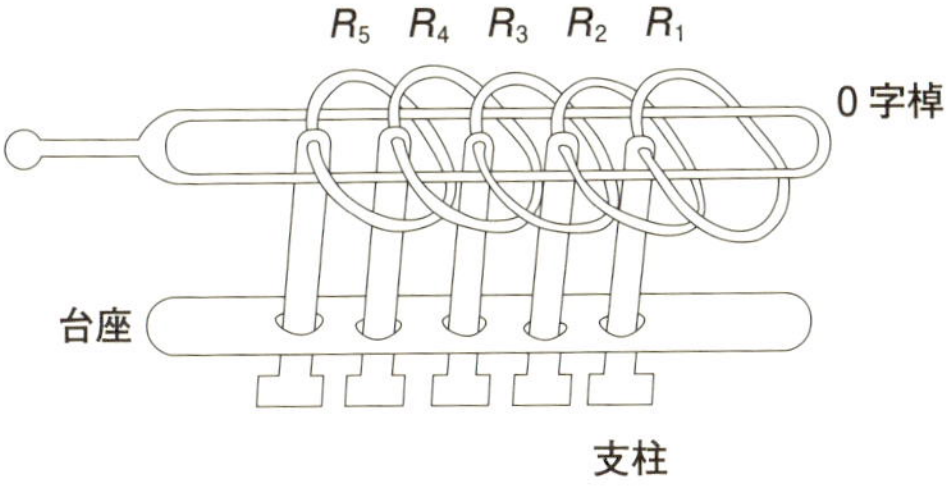

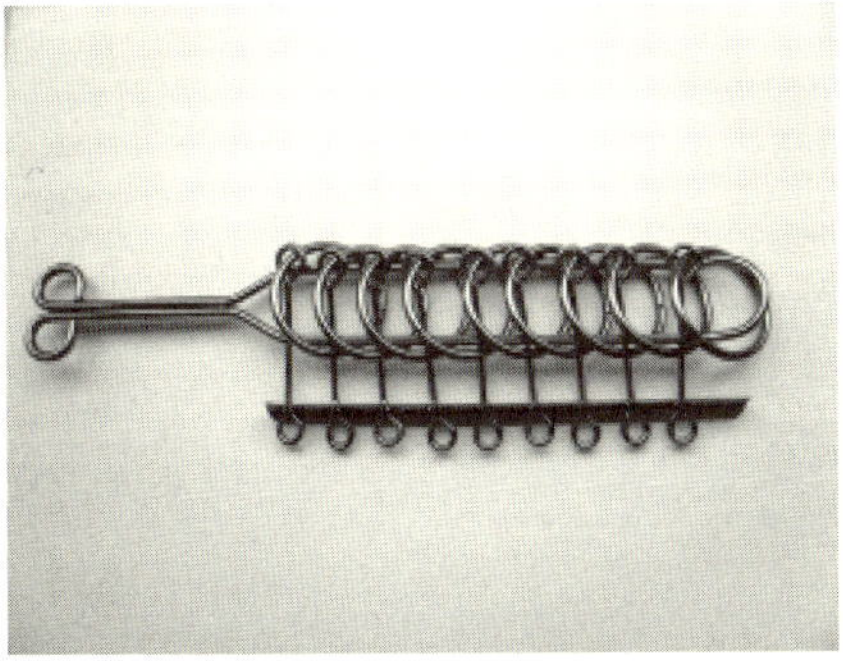

図5・9　（上）九連環の仕組み。（中）九連環。（下）チューリング100周年の記念会議CiE2012で配られたマグカップと筆者愛蔵のミニチュア九連環

条件　R_1、…、R_{k-2}が棹から外れていて、R_{k-1}が外れていない。

とくに、環R_1は自明に条件を満たしており、環R_2はR_1が外れていなければ条件を満たす。このような条件のもとで、0字棹といくつかの環を順々に動かして、はまっている環をすべて棹から外すのが、このパズルの目的である。

数学的仕組みは、オリジナルの九連環よりもバイナリー・アーツ社の「エレファント・スピンアウト」という新しいパズルでみるとわかりやすい（図5・10）。これは7匹のゾウを回転させながら外に出すパズルであるが、ゾウの台座の特種な形により、右と同様な条件が満たされるときに、k番目のゾウが回転できることがわかる。

本当は、この条件を発見することがパズルの核心かもしれない。条件さえ正確に記述できれば、無駄のない動きは限られてくるから、解は自然にみつけられるだろう。とはいえ、手数はかなり長い。n個の環を外す手数は、nが奇数のとき$(2^{n+1}-1)/3$回、nが偶数のとき$(2^{n+1}-2)/3$回である。とくに、九連環の場合は341回である。また、7頭のゾウの脱出には85回の回転が必要だ。

図5・11に五連環の21手の解法を示す。環の数を増やすと、操作回数がどのように増えるかだいたいわかるだろう。

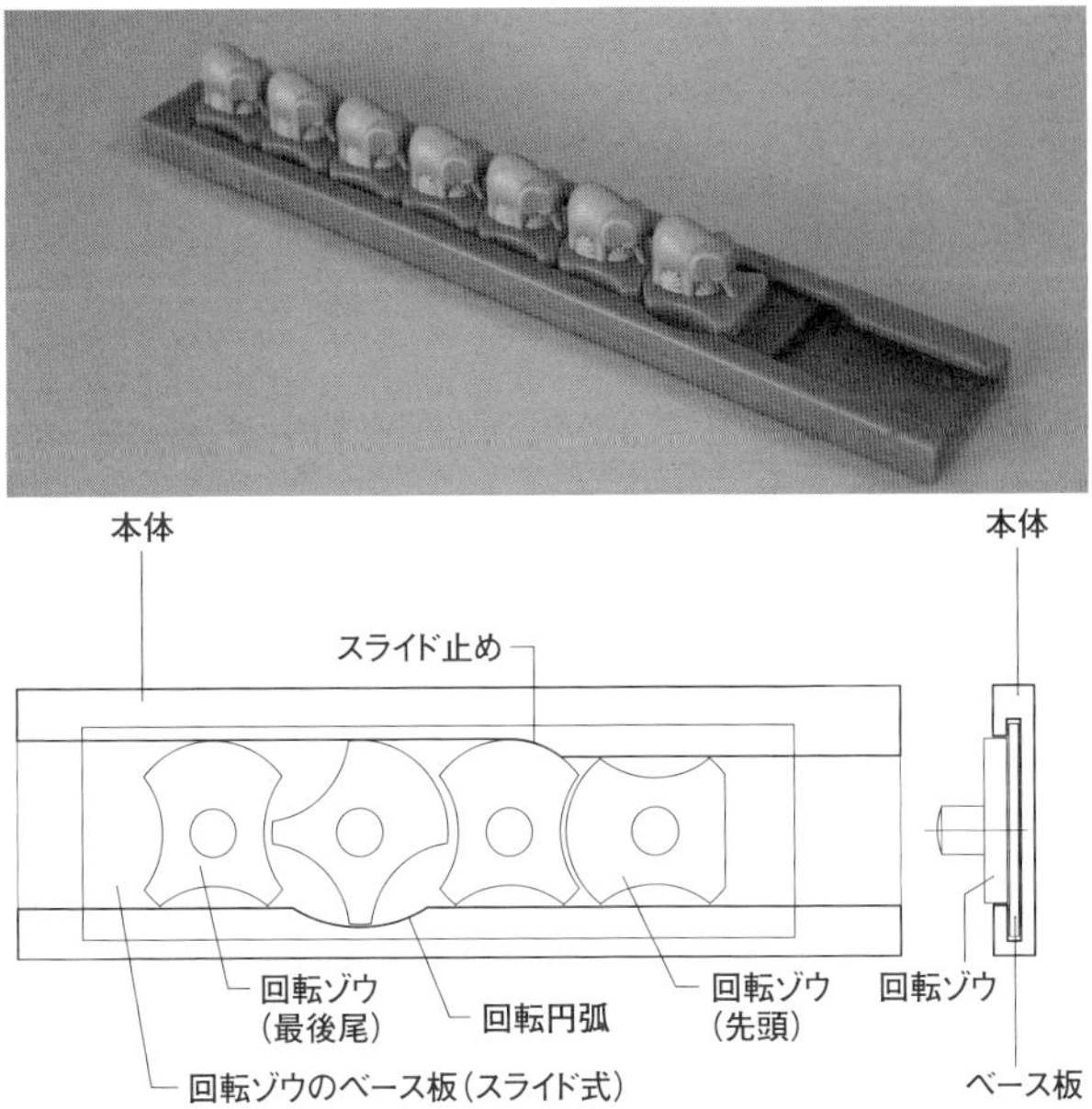

図5・10 (上)「エレファント・スピンアウト」。(下)「エレファント・スピンアウト」の簡易構造図。作:藤崎治郎氏(リゾ・デザイン)

グレー・コード

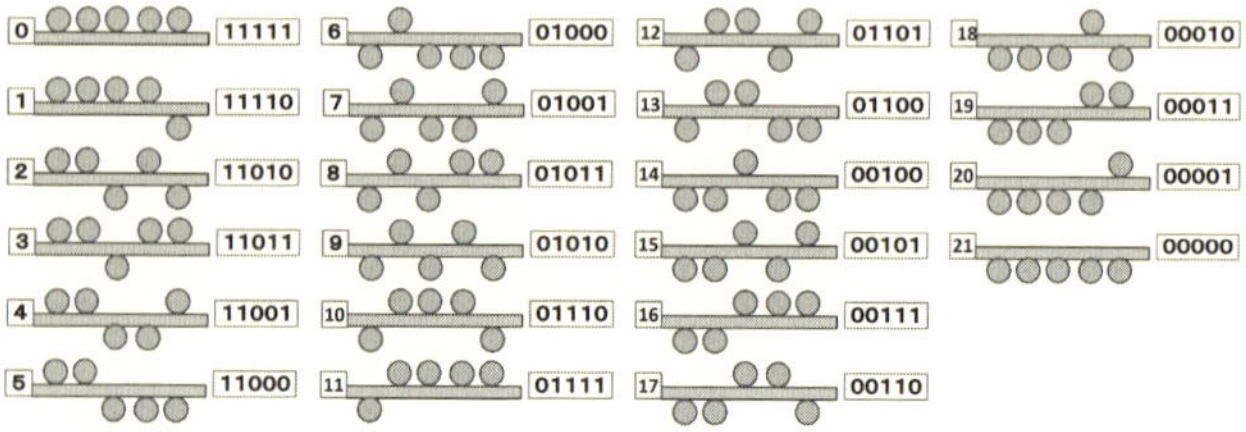

図5・11　環●が横棒の上にあるのは刺さった状態を表し、下にあるのは外れた状態を表す。2進列表示の0が外れている状態、1が刺さった状態を表している

図5・11に書かれている5桁の2進列は「グレー・コード（交番2進符号）」と呼ばれるもので、0から21へ逆順に並んでいる。たとえば3桁の2進数は、普通の表記法であれば、000、001、010、011、100、101、110、111の順で0、1、2、…、7を表す。しかし、グレー・コードであれば、000、001、011、010、110、111、101、100となる。このコードの特長は、隣り合う数が必ず1ビット（桁）しか違わないことであり、そのため万一どこかの桁で通信エラーが起きても誤りが最小ですむ。普通の2進数をグレー・コードに変換するには、最上位から順に1ならばそれより下の0、1を反転させる（0ならそのまま）という操作を最下位まで行う。グレー・コードは、「九連環」の他に、「ハノイの塔」のパズルにも応用できる。

七巧板（タングラム）

日本語で「知恵の板」といい、中国では「七巧板」と呼ばれる板合わせの遊びがある。どちらが先かは不明だが、文献としては一七四二年に印刷された「清少納言知恵の板」がもっとも古い。ヨーロッパには19世紀初めに中国版が伝わり、「タングラム」という名で広まった。日本古来のものは板の形が少し異なるが、ここでは世界的に普及している中国の七巧板（図5・12）について述べよう。

図5・12

【問題17】 図5・13の板7つの板（裏返してもよい）を組み合わせて、つぎのシルエットの数字をつくれ（各自で紙を切って七巧板をつくってみよう。本書は切らないでほしい）。

図5・13

【解答】　シルエットが与えられて、それが組み立て可能かどうかの判断は、知恵の輪にくらべれば、ずっとやさしい。基本的に、角度は45度の倍数しかでてこないし、長さも1、$\sqrt{2}$、2、$2\sqrt{2}$の組み合わせしかない。可能な組み合わせパターンは少ないはずなのだが、それでも問題17がすぐに解けた人はそう多くはないだろう。このような七巧板の問題は昔から何百も知られている。

図5・14

【問題18】　シルエットが2つある（図5・15）。下は上の一部が欠けているようにみえるが、じつはどちらもつくることができる。挑戦してみてほしい（解答は89ページ）。

図5・15

【問題19】 日本版「知恵の板」の問題。図5・16（上）を（下）の形にせよ。

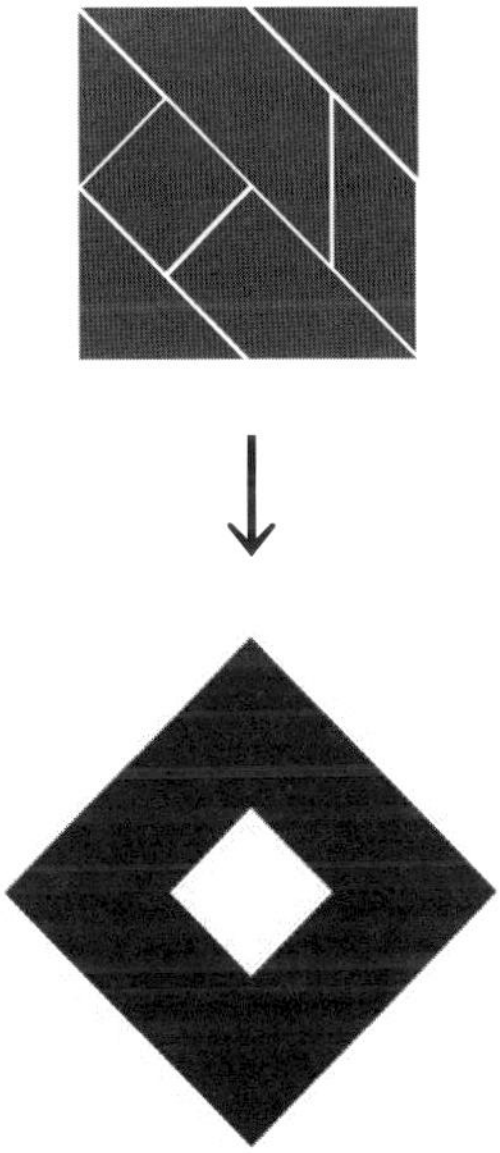

図5・16 「釘貫」と題されている

M・ガードナーは、中国の七巧板ではこのような穴の空いた図形はできないことを指摘している。[2]

迷路

迷路も結び目や知恵の輪に似ているところがあるが、複雑さはかなり低いといえる。2次元の迷路は全体を俯瞰できれば、解の有無が決定できないことはまずあり得ない。迷路の難しさはもっぱら視界の狭さや記憶の制限に起因している。

迷路の脱出方法として、よく知られているものに「アリアドネの糸」がある。ギリシャ神話で、怪物退治のために迷宮に入っていく勇者に、入口から糸を引いていくようにと糸玉を渡した賢女アリアドネの知恵からきている。これは入口に戻ったり、すでに通った場所を確認したりするためには有効な手段であるが、ゴールを探す方法ではない。また、「右手法」というのもある。迷路の中で、右側の壁にふれたまま移動するものだ。しかし、この方法は非効率な上に、目的地を探し出す手段としては不完全でもある。というのは、迷路の中央にゴールがある場合や、出口が複数ある場合には、右手法では目的地に到達できないことがあるからだ。

迷路を確実に解くためには、同じルートをくり返さずに新たな道を発見する工夫が必要で、それにはすでに通った道に印をつけて同じ道を同じ向きに2度通らないようにする方法（「トレモー法」）や、スタートから徐々に探索の距離を伸ばしていく方法（「幅優先探索」）などがある。これらは行きつ戻りつしながら道を探すので指数関数アルゴリズムだと思う人がいるかもしれないが、[3] そうではない。試行によって探索の範囲が狭まっていくところがポイントで、迷路をグラフとみた場合、これらの方法は入力グラフのサイズの2乗程度の時間で処理できる。たとえ通路の長さを考慮に入れて最短経路を求める問題に直したとしても、（ダイクストラの方法で）やはり2乗の時間でできる。つまり迷路はクラスP（の下位）に属していて、結び目などにくらべれば、計算の複雑さはずっと低い。

九連環、七巧板、迷路については、チューリングは何も言及していない。知恵の輪についての彼の扱い方が簡単すぎるようにみえたので、そのバリエーションとして、このようなパズルについて扱ってみた。とくに九連環についていえば、組み合わせ的に考えてすでに指数回（2^n回）の操作が必要なので、物理的な近似シミュレーションを使って九連環に類するものに解があるか否かを判定するためには膨大な計算量を要するのだろう。

【問題18の解答】

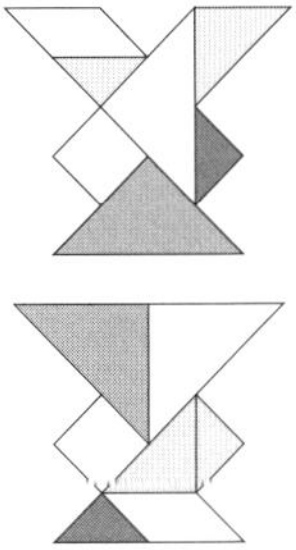

（1）「カンカン（看《み》て看《み》て）」という歌い出しの明清楽は江戸時代の日本で「かんかんのう（踊り）」というナンセンス・ソングになり、さらに、多くの替え歌ができて、歌謡曲のルーツにもなった。最近はインターネットでほとんどどんな曲も聴けるから、明清楽『九連環』と昭和12年の大ヒット曲『もしも月給が上ったら』を聴き比べてみよう。

（2）第12集 *Time Travel and Other Mathematical Bewilderments* (W. H. Freeman & Co., 1987)。

（3）たとえばウィリアム・パウンドストーン、松浦俊輔訳『パラドックス大全』（青土社、二〇〇四）にも誤解を与える記述がある。

【参考文献】

（結び目）今井淳・中村博昭・寺尾宏明『不変量とはなにか——現代数学のこころ』（講談社ブルーバックス、二〇〇二）。15パズルなどいろいろな話題にふれられているが、結びの不変量の話がとくにわかりやすい。ちくま学芸文庫から『不変量と対称性——現代数学のこころ』という題で改訂版（二〇一三）が出版された。

（知恵の輪1）秋山久義『知恵の輪読本』（新紀元社、二〇〇三）解き方だけでなくつくり方まで載っている。

（知恵の輪2）藤村幸三郎・小林茂太郎『数字パズルの世界』（講談社ブルーバックス、一九七八）。さまざまな数字パズルを扱っている。「知恵の輪」の章はユニーク。

（タングラム、知恵の板）秋山久義『絵と形のパズル読本』（新紀元社、二〇〇五）。歴史的説明がくわしい。

❻

算木からチューリング機械へ

算木と和算

これまでいろいろなパズルについて数学的な分析を行ってきたが、逆に数学の問題を解くのにもパズル的発想や操作が有効である。このことは、次章において「どんな機械的手続きも置換パズルで表現できる」という形で明確に述べられるが、本章ではそのような一般的な議論を展開する前に、中国から日本に伝わった計算用具である「算木」を使い、パズル的な計算の仕組みをみておきたい。というのは、この計算はチューリング機械の動きとよく似ていて、その格好の導入になるからだ。

冲方丁《うぶかたとう》原作、滝田洋二郎監督の映画『天地明察』をご覧になった方は、算木を使う計算シーンがたくさんあったことを思い出されるだろう。マス目の入った紙や布（算盤）の上で、赤と黒の小さい木片（算木）を動かして四則演算から高次方程式の解法まで行う。主人公の安井算哲（渋川春海）は碁打ちの家元を継ぐ立場にあったが、（将軍の御前で棋譜を並べるだけの）お城碁の勤めを棄て、日本独自の暦づくりのため、またときに趣味の算術のため、算盤と算木を使った計算に熱中した。

算木（中国語では「籌《ちゅう》」）は古代中国に生まれ、紙のない時代から計算用具として使われてきた。漢字の「一、二、三」は算木の配置を表しているとされ、「算」という字も算木を扱う人の姿を表しているといわれる。算木による十進記数法のお陰で、中国は負の数や小数などの概念を西洋よりずっと早く手に入れていた。13世紀後半から14世紀の元の時代、授時暦がつくられたこととも関連し、中国数学は大きな発展を遂げ、算木による高次方程式の解法（天元術）(1)が完成した。それが朝鮮を経由して日本に入り、江戸時代の「和算」の基礎となった。こうした長い歴史があるため、算木の計算法は時代や場所によっていろいろなバリエーションがあるが、私たちの目的はあくまで計算の仕組みを理解することであるから、細かい手順にはかかわらずなるべく簡明な方法で説明していこう。

数の表し方

算木で1桁の数を表す方法には縦式と横式があって、縦式は図6・1の通りである。ふつう0は空白をあけて表すが、紛らわしいときは碁石などを置いた。2桁以上の数を表すには、中国流では桁ご

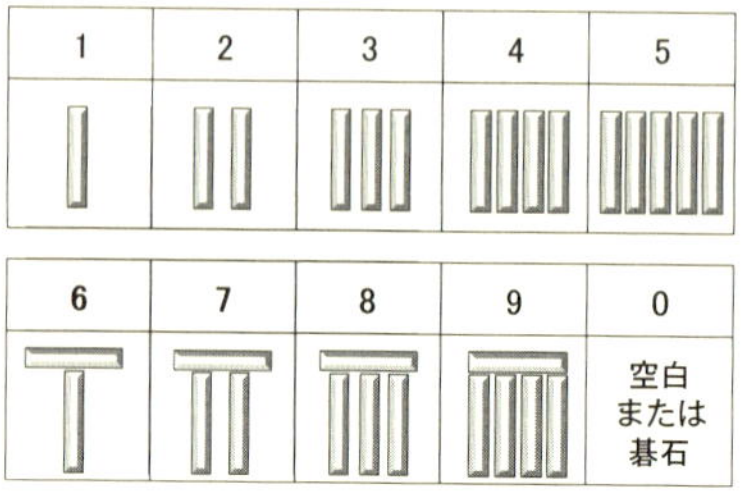

図6・1　算木で1桁の数を表す

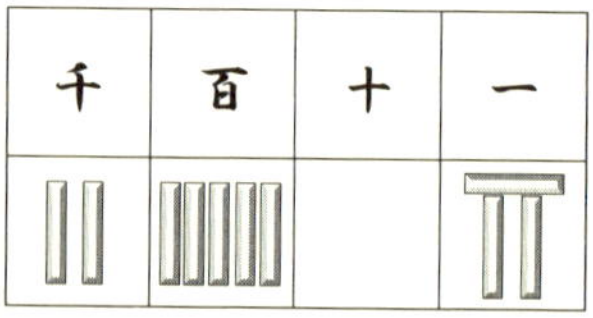

図6・2　算木で2507を表す

とに縦式と横式を交互に使うが、罫線の入った算盤を用いることで、すべての桁を縦式で表すこともできる。たとえば、2507は図6・2のように表す。また、通常正の数は赤い算木（本書では白抜きの長方形）で表し、負の数は黒の算木で表す。

足し算と引き算

足し算は、図6・3のように、足したい2数を算盤の上下別段においてから、下段の算木を上段のそれぞれのマスに移し、下の位から順に各位の数が9を超えないように整理していく。

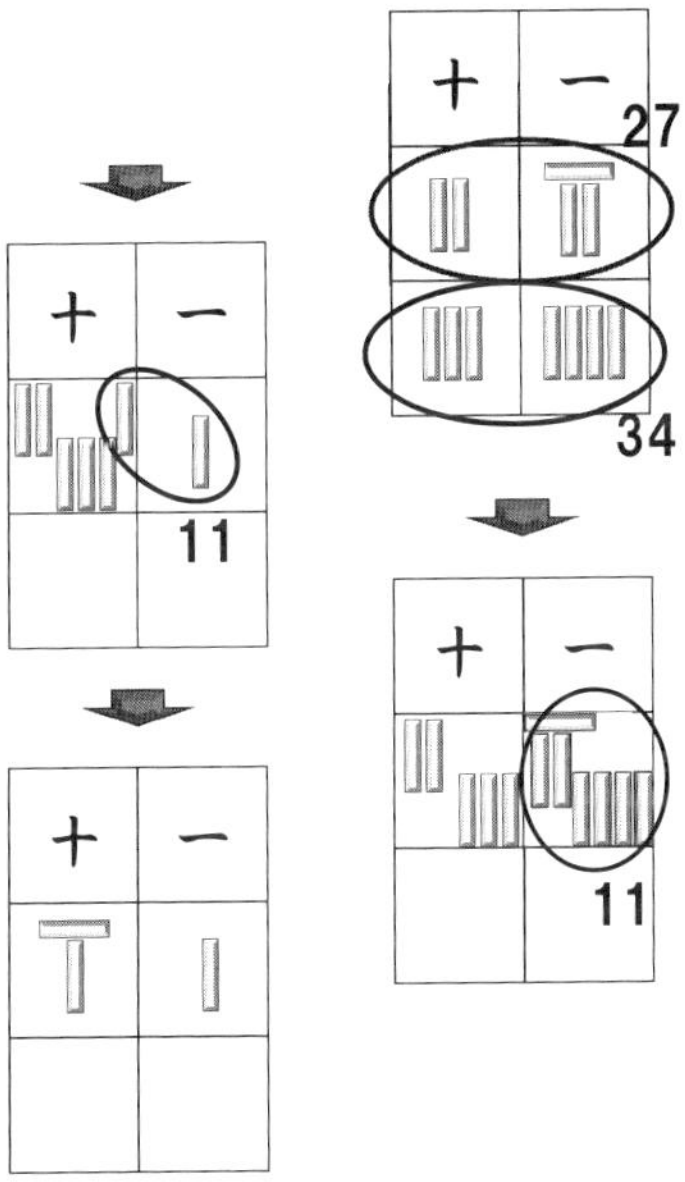

図6・3　足し算の計算例：27＋34＝61

引き算は、引く数を負の数と考えて黒の算木で表し、図6・4のように、足し算とほぼ同じ手順で進める。注意点は、各マスにおいて黒の算木と白の算木を同数本取り除くことができることと、最終的には黒い算木をなるべく全部取り除くようにすることである。

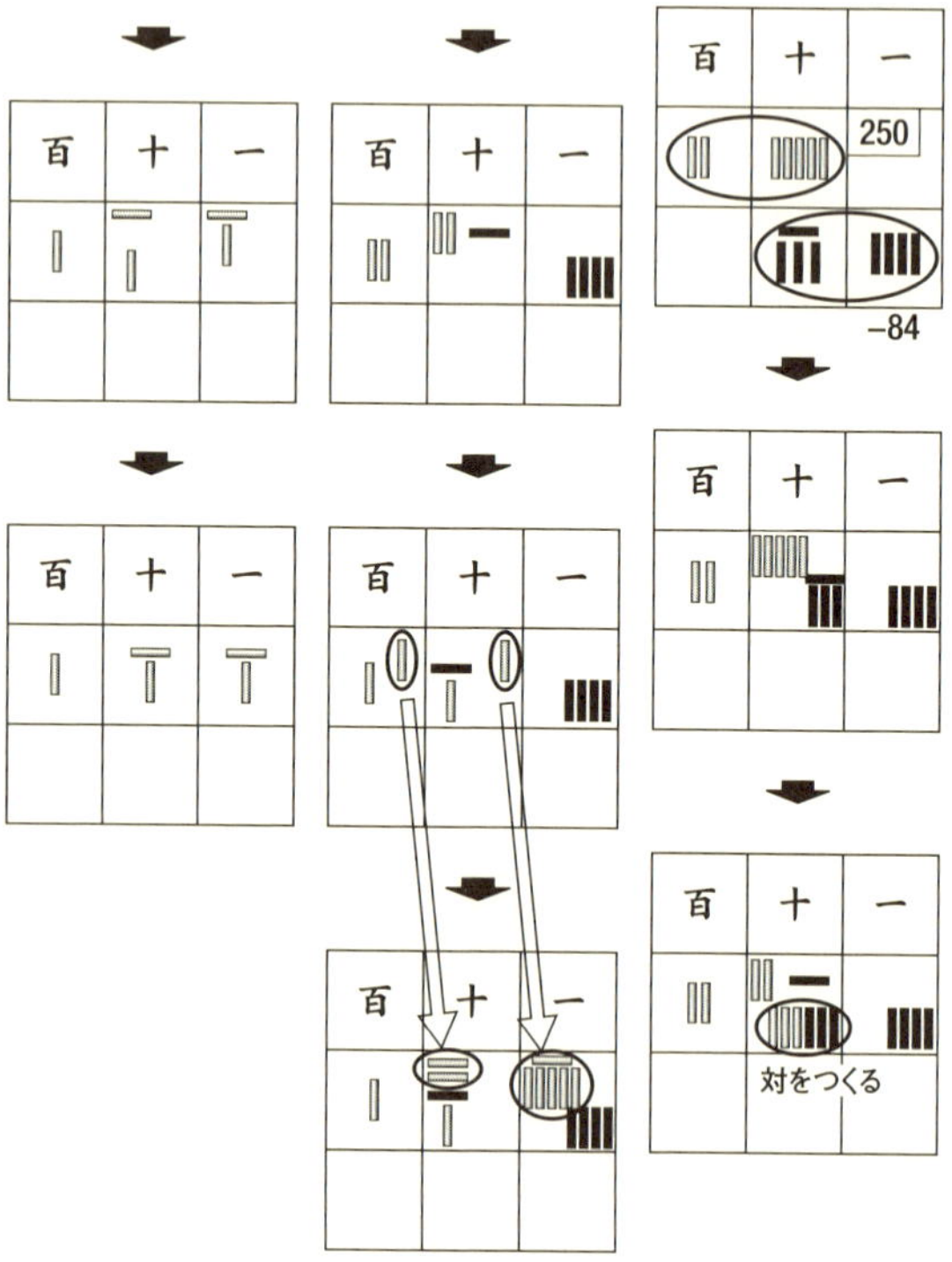

図6・4　引き算の計算例：250−84＝166

掛け算と割り算

掛け算は、基本的に筆算と同じやり方だが、違うところは、筆算のように被乗数と、乗数の各桁の掛け算をすべて行ってから積の総和をとるのではなく、各桁の掛け算を行うたびにその結果を足していくことである。この違いにより、計算に必要なスペースは、乗数と被乗数を置く場所以外に、計算の途中結果を置く場所が1つあればよいことになる。つまり、算木の掛け算では、3段のマス目を使い、1段目に乗数、3段目に被乗数を置き、2段目は答えおよび途中経過が表される。

例として、27×34の計算の概略を示す。ただし、これからは算木の代わりに、本数を表す数字を用いる。

	百	十	一
乗数		3	4
答え			
被乗数		2	7

1段目に34、3段目に27を置く。

	百	十	一
乗数		3	4
答え			
被乗数	2	7	

3段目の27を左に1マスずらす。

	百	十	一
乗数		3	4
答え	8	1	
被乗数	2	7	

3段目に27に3を掛けた数
(27 × 30 = 810) を中段に置く。

	百	十	一
乗数			4
答え	8	1	
被乗数		2	7

掛け終わった3を取り去り、3段目の算木を右に1マス戻す。

	百	十	一
乗　数			4
答　え	8+1	1+0	8
被乗数		2	7

27に4を掛けた数（27×4＝108）を中段の数に加える。

	百	十	一
乗　数			
答　え	9	1	8
被乗数		2	7

掛け終わった4を取り去り、中段で足し算を行って、形を整える。

割り算も、基本的に筆算と同じやり方だが、違うところは、各桁の割り算を行いながら答えを引いていくことだ。これにより、計算に必要なスペースは、除数（法）、被除数（実）、答え（商）を置く3段ですむ。必要なら、小数点以下の計算もほしい桁数だけ続けられる。ちなみに江戸初期には、10分の1以下の位の名称は、銭貨、重さ、長さなどによって異なっていたが、吉田光由の名著『塵劫記』は銭貨の単位を基本に、10分の1を分《ぶ》とし、以下10分の1ごとに、釐《りん》（厘）、毫《もう》（毛）、絲《し》（糸）、忽《こつ》、微《び》、繊《せん》、沙《しゃ》、塵《じん》、埃《あい》という呼び名を普及させた。

例として、999÷34の計算を示す。

10^2(百)	10^1(十)	10^0(一)		10^{-1}(分)	10^{-2}(厘)	10^{-3}(毛)
			商			
9	9	9	実			
	3	4	法			

2段目に999、3段目に34を置く。

10^2(百)	10^1(十)	10^0(一)		10^{-1}(分)	10^{-2}(厘)	10^{-3}(毛)
			商			
9	9	9	実			
3	4		法			

3段目の34を左に1マスずらす。

10^2(百)	10^1(十)	10^0(一)		10^{-1}(分)	10^{-2}(厘)	10^{-3}(毛)
	2		商			
9+6	9+8	9	実			
3	4		法			

1段目に20を立て、2段目から34×20＝680を引く。

10^2(百)	10^1(十)	10^0(一)		10^{-1}(分)	10^{-2}(厘)	10^{-3}(毛)
	2		商			
3	1	9	実			
	3	4	法			

2段目を整理して、3段目を1マス下げる。

10^2(百)	10^1(十)	10^0(一)		10^{-1}(分)	10^{-2}(厘)	10^{-3}(毛)
	2	9	商			
3+3	1	9+6	実			
	3	4	法			

1段目に9を立て、2段目から34×9＝306を引く。

10^2(百)	10^1(十)	10^0(一)		10^{-1}(分)	10^{-2}(厘)	10^{-3}(毛)
	2	9	商			
	1	3	実			
		3	法	4		

2段目を整理して、3段目を1マス下げる。

10^2(百)	10^1(十)	10^0(一)		10^{-1}(分)	10^{-2}(厘)	10^{-3}(毛)
	2	9	商	3		
	1+1	3	実	+2		
		3	法	4		

1段目に0.3を立て、2段目から34×0.3−10.2を引く。

10^2(百)	10^1(十)	10^0(一)		10^{-1}(分)	10^{-2}(厘)	10^{-3}(毛)
	2	9	商	3		
		2	実	8		
			法	3	4	

2段目を整理して、3段目を1マス下げる。

⋮

算木計算の特徴として、計算スペースがあまり大きくならない（必要な行数があらかじめ固定されている）ことと、各マスの操作がそれに隣接するマスの数字だけに依存して決まることがある。このような制約から、算木では単純な計算しかできないように思えるが、あとで述べるようにチューリング機

【チャレンジ　天元術】 整数係数の n 次多項式 $f(x)=a_nx^n+a_{n-1}x^{n-1}+\cdots+a_1x+a_0$ を算木で解く。まず、算盤に $n+2$ 段の計算スペースを用意する。1段目には解（商）、2段目には定数項 a_0（実）、3段目には x の係数 a_1（法）、4段目には x^2 の係数 a_2（上廉）、5段目には x^3 の係数 a_3（二廉）、…、$n+1$ 段目には x^{n-1} の係数 a_{n-1}（$n-2$ 廉、下廉）、そして $n+2$ 段目には x^n の係数 a_n（隅）を置く。

具体例で考えよう。つぎの3次方程式は、わが国の第一人者沢口一之の弟子佐藤茂春が初心者向けに解説した『算法天元指南』（1698年、東北大学和算資料データベースで閲覧可）で扱われているものだ。

$$f(x)=x^3+12x^2-2234x+32867=0$$

これに対して、初期配置は以下のようである。

万	千	百	十	一	
					商
3	2	8	6	7	実
	2	2	3	4	法
			1	2	廉
				1	隅

白抜きの数字で正の数、通常の太字で負の数を表す。

万	千	百	十	一	
			②		x
3	2	8	6	7	a_0
2	2	3	4 ←		a_1
	1	2 ←			a_2
	1 ←				a_3

計算の概要はつぎのようである。まず、解の第1近似を $x=\alpha$（左例では $x=20$）と予想する。与式を（$x-\alpha$）で割るため、係数の桁を予想解の桁に合わせてシフトする。つぎに、いわゆる組み立て除法と同様の計算で、商 $f_1(x)$ と余り b_0 を求める。

万	千	百	十	一	
			2		x
		9	8	7	a_0
1	5	9	4		a_1
	3	2			a_2
	1				a_3

987
=32867+1594×20
1594
=2234+32×20
32=12+1×20

下の段から上の段に向かって計算が進んでいることに注意。

これは、$f(x)$ を（$x-20$）で割ったときの商 $f_1(x)=x^2+32x-1594$ と余り $b_0=987$ を表す。つまり、

$$f(x)=(x-20)(x^2+32x-1594)+987$$

である。

同様にして、$f_1(x)$ を（$x-\alpha$）で割ると、$f(x)=(x-\alpha)\{(x-\alpha)f_2(x)+b_1\}+b_0$ の形が求まる。

さらにもう一度、$f_2(x)$ を（$x-\alpha$）で割ると、$f(x)=(x-\alpha)[(x$

$-\alpha)\{(x-a)+b_2\}+b_1]+b_0$ の形になる。

具体的な計算は省略するが、最終的に下の式が得られる。

$$f(x)=(x-20)[(x-20)\{(x-20)+72\}-554]+987$$

いま、$g(x)=x[x\{x+b_2\}+b_1]+b_0=x^3+b_2x^2+b_1x+b_0$ と置く。すなわち、

$$g(x)=x[x\{x+72\}-554]+987$$
$$=x^3+72x^2-554x+987$$

そして、$g(x)=0$ の近似解を β（たとえば3）と予想する。すると、$\alpha+\beta$（いまは23）は α よりよい $f(x)$ の近似解（この場合は正しい解）になっている。これをくり返すことで、ほしい精度の近似解が得られる。

$g(x)=0$ の解 $x=3$ より、
$f(x)=0$ の解 $x=20+3=23$。

械も同様な制約をもっており、理論的な差はない。

上のような方程式の解法（天元術）は、13世紀の秦九韶の『数書九章』に記載されており、中国では「秦九韶算法」と呼ぶ。日本でも17世紀には沢口一之の『古今算法記』（一六七一年）などに説明されている。欧米では、19世紀にこの方法を発見したイギリスの数学者W・G・ホーナーの名をとって「ホーナー法」と呼んでいるが、日本人まで「ホーナー法」と呼ぶ人がいるのはどんなものだろうか。なお、天元は変数 x のことである。さらに、地元、人元、物元

を加えた4変数の方程式を扱う数学は、中国で「四元術」とも呼ばれる。

チューリング機械

チューリング機械はしばしば電子計算機のプロトタイプといわれ、一九四〇年代の計算機の開発に大きな影響を与えたのだが、チューリング自身はそうした意図でその画期的論文（一九三六年）を著したわけではない。彼の目的は、人間がひらめきや洞察なしに機械的に計算できる（実）数の範囲を明確にし、そして計算できない数の存在を示すことだった。

チューリングは、そのような計算の過程を、マス目の入った紙に、鉛筆と消しゴムを使って、文字を書き入れたり消したりする動作の組織的系列とみなした。そして、その「計算する人」を抽象化して、両方向に無限に拡張できるテープを何本かもったチューリング機械が定式化された。ただし、各テープ上で記号が読み書きできるのは、機械のヘッドが置かれているマス目だけで、機械は必要に応じてヘッドを左右に1マスずつ移動させる。このとき、機械の動作は、有限個の内部状態と読み込んだ記号のみによって決定する。

算盤上での算木操作は、チューリング機械の動作そのものである。算盤では数行の数字（算木）の列を扱うが、チューリング機械も複数本のテープを使うことができる。あるいは、1本の幅広いテープを何本かのトラックに分けて使ってもよい。チューリング機械はヘッドが置かれた1つのマス目の文字だけを読み書きし、その後ヘッドを左右に1マスずつ移動させる。天元術の算木操作がこのような動作で模倣できることは明らかである。さらにチューリング機械についてくわしく知りたい方は、専門の教科書(2)をご覧いただきたい。

多元高次方程式

再び『古今算法記』の話である。著者沢口は単に天元術をマスターしただけではなく、その限界まで理解していたと思われる。そのことを顕示すべく、15の難題を『古今算法記』の巻末に提示した。これらは1変数では方程式を立てるのが容易でない。残念ながら、4元の高次連立方程式を扱う朱世傑（朱世杰とも書く）の『四元玉鑑』（一三〇三年）は日本に入っていなかった。関孝和『発微算法』（一六七四年）と田中由真『算法明解』（一六七八年）は、余分な変数を消去して1変数に直すことで沢口の問題を解いた。

最近出版されたペトコビッチの『天才数学者の名作パズル』[3]に『古今算法記』の第一問題とほぼ同じものが「カズユキの接円問題」として紹介されている。なぜか「沢口の問題」ではなく、図もオリジナルとは上下がひっくり返っているのだが、こちらの方が自然にみえる。これをつぎの問題としよう。

【問題20】 大円と中円と2つの小円が図6・5のようにそれぞれ接している。大円内で、中円と小円の外側になる部分の面積は120である。また、小円の直径は中円の直径より5短い。大中小円の直径はそれぞれ幾何《いくばく》か？

実際に数値解を求めるのは複雑すぎるので、とりあえず方程式の立て方だけ考えてみてほしい（解答は107ページ）。

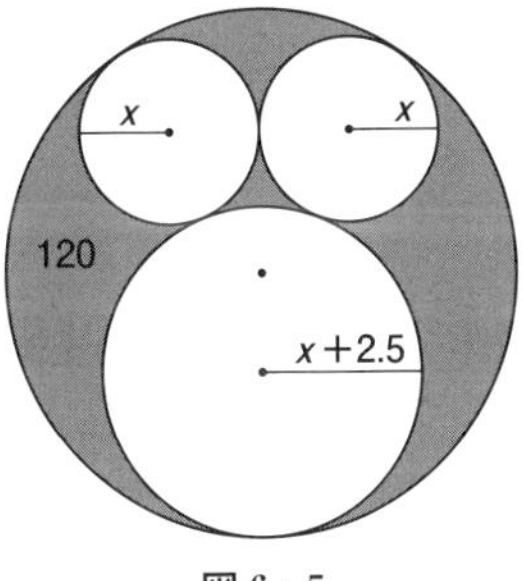

図6・5

最後に述べておきたいことは、連立高次方程式が解をもつときには、必ず計算可能な解をもつことである（係数はすべて計算可能とする）。この事実は関以降の和算において、あるいは19世紀頃の西洋数学においても、素朴に信じられていただろうが、定理としての正確な主張と証明を与えたのは20世紀半ばの論理学者A・タルスキである。2次方程式に判別式があり、連立1次方程式に係数行列式があるように、連立高次方程式についても、その可解性（あるいは論理的に表現されるどんな性質も）は、含まれる係数の四則演算結果に対する等号・不等号の判定だけで決定できるというのがタルスキの定理である。すると、ある領域内に解をもつことは論理的に表現できるので、その真偽が判定できる。したがって、解が存在する領域を狭めていくことで解の近似も得られる。この先の話は、専門書に譲ろう。(4)

余談になるが、沢口一之の遺題を関とは別に解いた田中由真は、関ほど大きな影響を和算史に残せなかった。その理由の1つとしては、関が江戸に上り幕府に仕えたのに対して、田中は関西に残って庶民教育に勤しんだからであろう。しかし、田中が著した『雑集求笑算法』(5)（一六九八年）は、日本初の数学パズルの本として近年評価を上げている。「求笑」は『九章算術』や『数書九章』の「九章」に掛けているのだろうか。たとえば、1～9までの数字を1回ずつ使って100をつくる「小町算」の起源はこの本にある。田中の導入話はつぎのようである。驕慢な小野小町に弄ばれ、逢えずに99夜通いつめ百夜目に凍死した深草少将の怨霊が、老女となった小町に取り憑くという謡曲『卒塔婆小町』がある。その中で怨霊が「一夜二夜三夜四夜……七夜八夜九夜十夜。百夜までと思って通い、九十九夜になった」と語る。どうして10夜からすぐに99夜になったのだろうか？

【問題20の略解】 小円、大円の半径をx、yとする。面積の条件から、まず下の等式が成り立つ。

$$\pi(y^2-2x^2-(x+2.5)^2)=120$$

つぎに、三平方の定理などを使って以下を得る。

$$OB=y-(x+2.5)$$
$$OP^2=OA^2-AP^2=(y-x)^2-x^2$$
$$BP^2=AB^2-AP^2=(2x+2.5)^2-x^2$$

これらを OB＋OP＝BP に代入すれば、xとyに関する２番目の等式を得る。得られた２つの等式からyを消去すれば、xだけの方程式がつくれるが、複雑すぎるので関も田中も書いていない。しかし、現代の計算機を使えば、近似解$x=3.79$、$y=10.32$を得るのは簡単だ。

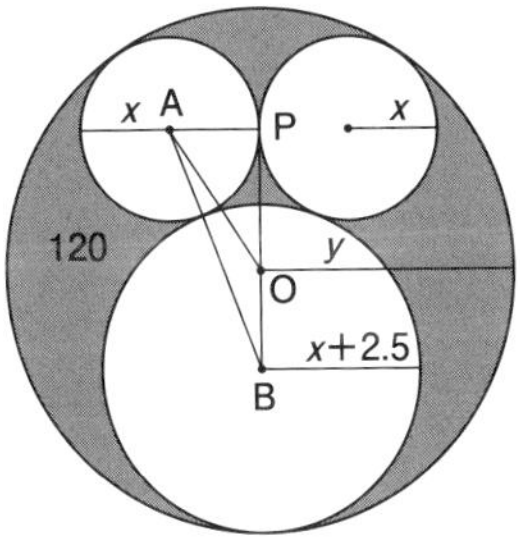

図6・6

（1）天元術の基本文献は13世紀の秦九韶による『数書九章』である。その概説を含む貴重な歴史書に銭宝琮編、川原秀城訳『中国数学史』（みすず書房、一九九〇）がある。

（2）J・ホップクロフト、J・ウルマン、R・モトワニ『オートマトン　言語理論　計算論Ⅰ、Ⅱ』（サイエンス社、二〇〇三）など。

（3）Miodrag S. Petkovic, *Famous Puzzles of Great Mathematician* (American Mathematical Society, 2009)。

（4）田中一之編『ゲーデルと20世紀の論理学』第2巻（東京大学出版会、二〇〇六）などをみよ。

（5）大矢真一「『雑集求笑算法』と『勘者御伽双紙』」、『富士論叢』第26巻第1号、一五五―一九三ページ、一九五六。

❼
置換パズルと不完全性定理

置換パズルとは

1列に並んだコマあるいは文字を、与えられた置き換えルールの適用によって順次変形させていき、目的の配置に到達できるかどうかを問うのが「置換パズル」である。チューリングは多くのパズルがこの形式で表現できることに着目した。つまり、置換パズルは万能パズルともいえる。たとえば「15パズル」をこの形式で表すことは容易だ。しかし、彼のユニークな発想は、結び目が解けるかどうかまで置換パズルで表すのである。たぶん「チューリング機械」も置換パズルとみなせることが議論の根底にあると思うが、彼はそれを明示的に語っていないので、本書でもそれについては簡単な説明にとどめる。

ウォーミング・アップ

置換パズルの一般論の前に、つぎの問題（「カエル跳び」などとも呼ばれる）を考えていただこう。

【問題21】 テーブルの上に、黒白2種類のコマが横に3個ずつ並べられ、あいだに1個分の空きがある。黒コマは右に、白コマは左に1つずつ移動させて、黒と白の位置を入れ替えることはできるか。ただし、コマはすぐ前か相手のコマを1つ越えた先にあきがある場合に限ってその場所に移動でき、けっして後退はでき

初期配置

●●●＿○○○

最終配置

○○○＿●●●

ないものとする。

【解答】 可能である。1つの解はつぎのようになる。

●●●_○○○
●●_●○○○
●●○●_○○
●●○●○_○
●●○_○●○
●_○●○●○
_●○●○●○
○●_●○●○
○●○●_●○
○●○●○●_
○●○●○_●
○●○_○●●
○_○●○●●
○○_●○●●
○○○●_●●
○○○_●●●

_は空白を表す

さて、ここで考えてほしいのは、このパズルのルールをどうしたら正確かつ簡潔に表現できるかである。これに対しては、コマの動きをつぎの4つの置換ルールで規定すればよい。さらに、初期配置と最終配置をワン・セットにして置換パズルになる。

置換ルール

●_ → _●
_○ → ○_
●○_ → _○●
_●○ → ○●_

初期配置

●●●_○○○

最終配置

○○○_●●●

置換パズル

以下、チューリングの解説にならって、「B」（黒）と「W」（白）の2種類のコマを使う置換パズルを扱う。じつはコマの種類はあらかじめ定めてあればいくつあっても（有限であれば）よい。また、それぞれのコマの使用回数に制限はない。

まず、つぎのような置換ルールが与えられたとしよう。

（i） WBW → B

（ii） BW → WBBW

これらのルールによってWBWをWBBBWに変形できるだろうか？ これはつぎのような書き換えで可能になる。

WBW
↓ (ii)
WWBBW
↓ (ii)
WWBWBBW
↓ (ii)
WBBBW

矢印の右の数字は適用ルールを示しており、文字列の下線は適用部分を示している。

【問題22】 先の2つのルールを使って、WBWBWBWをWBBに変形することは可能か？

【解答】 不可能。Bの個数は減らせない。

置換パズルを最初に考察したのはノルウェーの数学者A・テュー（論理学者スコーレムの先生）であり、「半テュー系」と呼ばれることもある。また、ポストとマルコフの「生成系」やチョムスキーの「生成変形文法」なども基本的に同じものだ。

生成変形文法

チョムスキー文法について、簡単な例題をあげてみよう。

【問題23】 左のルールで、《文》から"John likes Mary"は導出できるか？

《文》 → 《名詞句》《動詞句》
《名詞句》 → 《名詞》
《動詞句》 → 《他動詞》《名詞》
《名詞》 → John
《名詞》 → Mary
《他動詞》 → likes

答えはあえて示すまでもないだろう。同様に"Mary likes John"も導出できるが、"John Mary likes"はできない。こうした変形規則を精密にして、文法的に正しい文をすべて生成させようとしたのが、「生成変形文法」である。なお、そのもっとも一般的な「0型文法」とチューリング機械による計算の同等性はチョムスキー自身によって証明されている(1)。

パズルに関するチューリングの提唱

コマや記号の列を直接扱うパズルだけでなく、15パズルやトランプのソリティアのような平面パズル、あるいは積み木ブロックのような3次元パズルも、多くの場合文字列に直して置換パズルとして扱える。立体的な配置を列形式で表す方法は、「知恵の輪」でやったように力技で座標表示に直すのも一法だが、コマ同士の相対的位置関係を表す補助的なコマや目印を加えたり、空白を表すコマを適当な個数用意したりするくらいで、配置の要所を列形式で記述できるのが普通だろう。極端にいえば、配置の状況を言葉で説明すれば、それで文字列ができる。しかし問題は、配置を列形式で表したときに、パズルのルールも置換ルールとして表せるかどうかである。いくつか具体例をみればたいがいそうなっているであろうが、つねにそうだろうか？　これはパズルの定義にかかわる問題である。たとえば、パズルが「明確なルールをもち、……」というように定義されるなら、これはまた「明確なルール」は何かという問いを投げ返してくる。そこで「明確なルール」を計算可能関数やチューリング機械を使って定めるくらいなら、初めからパズルとは「置換ルールで表せるもの」という定義にしてしまっても同じであろう。この議論はパズル版「チューリングの提唱」というべきもので、さらにくわしくは付録をみていただきたい。

判定パズルは存在しない

これから示したいことは、任意の置換パズルが解けるか否かを判定するための機械的手続き（明確なルール）が存在しないことである。もしそのような手続きがあれば、「チューリングの提唱」によってそれ自身も1つの置換パズルで表される。それを「判定パズル」と呼んでおこう。つまり、パズルのルールと初期配置と最終配置の組を任意に与えて、そのパズルが解けるかどうかを「B」（可）と「W」（否）で判定するような置換パズルである。しかし、結論としては、このようなパズルは存在しないことが証明される。

議論を簡単にするため、今後は、どの配置においても可能な動作がたかだか1つしかないようなパズルだけを扱う。これらを「確定動作パズル」と呼ぶ。この制約はとても強くみえるが、じつはどのパズルも確定動作パズルに直すことができる。たとえば「迷路」の探索アルゴリズムの1つのように、各分岐点においてすべての枝を一定の深さだけ調べるような幅優先探索を行うと、消費時間は膨れあがるかもしれないが、つぎの動作は確定できる。これは、チューリング機械の話に直せば、非決定性チューリング機械を決定性に直す作業に対応する。わかりにくいかもしれないが、ここは無視しても先の理解の支障にはならないので安心してほしい。

置換パズルは、置換ルールと初期配置と最終配置を与えることで定まる。このとき、ルールも文字列に直すことができ、それ自身初期配置にもなりうるというのが、チューリングの議論の肝要な点である。コンピュータの言葉で言い換えれば、ルールはプログラムで、初期配置は入力データ、最終配置は出力データに相応する。そして、プログラム自体も記号列として入力データになりうるということだ。さらにチューリングの原文には特別な記号を追加せずにルールを初期配置として表現する方法が与えられているが、これはたんに技術的なだけであってあまり重要ではないので省略する。

いま、「ルールが記号列Rによって記述され、初期配置がSによって記述されているパズル」をP（R, S）で表すことにする。正確には、最終配置も指定して本来のパズルになるのだが、ここでは最終配置が何かよりも、いつか終了するのかどうかにより強い関心があるため、このような記法を使う。また、このとき記号列Rを初期配置として、P（R, R）を考えることも不合理ではない。しかしながら任意にRを与えたときに、パズルP（R, R）が終了するか否かを判定するための機械的手続きは存在しない。そのことをこれから示そう。

パズルP（R, R）が終了するか否かを判定する手続きがあったと仮定する。すると、パズルのルールRをつぎのクラスⅠとⅡに分ける機械的手続きもある。

クラスⅠ：P（R, R）が結果Wで終了する。

クラスⅡ：それ以外。すなわち、P（R, R）が終了しないか、結果W以外（B）で終了するか、Rが確定動作パズルを表さない。

このクラス分けが判定可能であることを簡単に説明する。P（R, R）が終了しないとわかっていればクラスⅡに入るし、終了する（解をもつ）とわかっていれば、実際にパズルを最後までやってみてからクラス判定すればよい。このとき、パズルが確定動作になっていることに注意したい。

クラス分けの機械的手続きがあれば、それ自体を置換パズルの形で記述することが可能である（このルールをKとする）。つまりパズルP（K, R）は、クラスⅠのルールRに対してBで終了し、クラスⅡのルールにはWで終了する。

そこで、K自身を初期配置として、最終配置がどうなるか考えてみよう。P（K, K）は必ず終了し、KがクラスⅠに所属するときには結果Bを、クラスⅡに所属するときには結果Wを出す。他方で、「クラス」の定義は最終結果が正反対になることを示している。パズルが終了するか否かを判定する手続きがあるという仮定は、ここで矛盾に至る。

右の議論では、パズルP（R, R）の停止判定から矛盾を導いたが、P（R, R）が結果Wで終了することが判定できても同じである。一般に、つぎの命題が証明されたことになる。

【命題】 任意の置換パズルに対して、それが解けるか否かを判定する機械的方法はない。

これはしばしば「置換パズルの決定問題は解けない」とか、「置換パズルは決定不能である」というように表現される。決定問題は、1つの具体的パズルについての問題ではなく、無限個の質問について「はい」／「いいえ」で答える問題であることに注意されたい。

不完全性定理

最後に、チューリングの命題と、ゲーデルの（第1）不完全性定理との関係について簡単に説明しておこう。ゲーデルの定理が素朴に、数学の定理を導出するどの形式体系（これも置換パズルだ）もすべての数学的質問に「はい」「いいえ」で答えられるほど完全ではないという主張だとすれば、それは置換パズルの決定不能性と同値であることがただちにいえる。なぜなら、ゲーデルの定理を否定すれば決定不能なものはないし、逆にゲーデルの定理からはほとんどの形式体系の証明可能性（置換パズルの決定問題）が決定不能であることがいえるからだ。しかし、この議論はあまりに大雑把なので、もう少しくわしくゲーデルの定理を導いてみよう。

まず、ゲーデルの定理は、つぎのような主張である。

ゲーデルの（第1）不完全性定理　その中で算数計算ができる健全な（偽な命題を証明しない）公理系Sには、証明も反証もされない算術の言明がある。

「その中で算数計算ができる」ことの意味は、算数のような有限的で具体的な計算によって真であるとされる命題は証明可能だということである。さらに、健全性の条件が与えられているので、機械的に真偽が確定するような命題については、証明可能性と真であることが一致することになる。たとえば、「nは素数である」という述語$\theta(n)$は、nを与えれば、機械的に真偽が確定するような命題だと考えられるから、素数全体の集合をAとして、左図の両矢印が成り立つ。

$$n \in A \underset{\text{健全}}{\overset{\text{算数計算}}{\rightleftarrows}} \theta(n)\text{ がSで証明できる}$$

では、定理の証明に入ろう。パズルP（R, R）が決定可能かどうかにかかわらず、パズルのルールRがクラスⅠに属しているとすれば、そのことは有限手続きで確認されるので、公理系Sにおける述語ϕ(R)の証明可能性として表現される。つぎに、B＝{R：ϕ(R)の否定がSで証明できる}と置こう。いまクラスⅡはクラスⅠの補集合で、{R：ϕ(R)がSで証明できない}と表することができ、公理系Sが健全であればBを部分集合として含むことまではわかる。しかし、両者は一致しない。なぜなら、もし一致すれば、任意のRについてφ(R)かその否定がSで証明できることになるから、Sの定理(もしくは証明)を並べ上げていけば、いつかはどちらかが現れ、それによってクラスⅠに属するかクラスⅡに属するかが有限的に判定できてしまう。あとは、チューリングの証明と同じだ。結論としては、クラスⅡは公理系Sの反証可能性では表現できない。すなわち、クラスⅡに属するRで、φ(R)の否定がSで証明できないものが存在する。もちろん、φ(R)はSで証明できないから、不完全性定理が成り立つ。

不完全性定理を導くこのような議論の詳細についてはT・フランセーンの本[(2)]を参照されたい。

(1) J・ホップクロフト、J・ウルマン、R・モトワニ、野崎昭弘他訳『オートマトン 言語理論 計算論Ⅰ、Ⅱ』(サイエンス社、二〇〇三)などを参照。

(2) T・フランセーン、田中一之訳『ゲーデルの定理――利用と誤用の不完全ガイド』(みすず書房、二〇一一)。

8

決定不能なパズル

決定不能なパズルとは

この章では、決定不能なパズルの実例をいくつか紹介しよう。くり返しになるが、決定不能なパズルというのは、ある種類のパズルの集まりのことで、それに属するすべてのパズルに共通して使える、解の有無の判定方法はないということである。それを証明するのには、すでに示されている置換パズルの決定不能性を利用する。まずは、つぎのようなパズルについて考えてみよう。

ポストの対応問題

上下のマス目に文字列が書かれたドミノ形の札（以下たんにドミノと呼ぶ）が何種類か与えられたとき、重複を許してドミノを横に並べていき、上下の文字列を一致させることができるかどうかを問う。これを「ポストの対応問題」という。[1] E・ポストは、チューリングと並んで、計算可能性理論のパイオニアとして知られるアメリカのロジシャンである。

【問題24】 つぎの3種類のドミノをいくつか横に並べて、上下の文字列を一致させることはできるか？

（ア）	（イ）	（ウ）
0	11	0
00	1	11

図8・1

【解答】 可能である。

（ア）	（ウ）	（イ）	（イ）
0	0	11	11
00	11	1	1

図8・2

【問題25】 つぎの3種類のドミノを並べて、上下の文字列を一致させることはできるか？

（ア）
111
10

（イ）
101
011

（ウ）
0
01

図8・3

【解答】 不可能である。左端になりうるのは、上下0で始まるドミノだけである。それに続くのは上が1、下が0のドミノになる。その後も同じドミノのみが続き、永久に右端はそろわない。

（ウ）	（イ）	（イ）	（イ）	
0	101	101	101	……
01	011	011	011	

図8・4

これら2題でわかるように、上下の文字列を一致させられる場合もあれば、そうでない場合もある。

では、それを機械的に判定する方法はあるだろうか？ 答えは「いいえ」である。

そのことを示すには、すでに決定できないことがわかっている置換パズルを用いればよいだろう。つまり、どんな置換パズルもポストの対応問題として表せることをいえばよい。そうすれば、もしも対応問題が決定できれば、置換パズルも決定できることになるからである。

具体的に、つぎの置換パズルを対応問題で表してみよう。

置換ルール：WBW → B
　　　　　　BW → WBBW
初期配置：WBW
最終配置：WBBBW

基本的な考え方としては、

（i）置換ルールの左辺と右辺をドミノの上下にすること。

（ii）置換ステップを♯で区切ること。

（iii）さらに、W→WやB→Bなどの自明なルールを加えること。

このような考えにもとづき、図8・5のような7種のドミノを用意する。

しかし、これで証明が完成したわけではない。上下が一致する並びは、図8・5に示したもの以外にもたくさんあるからだ。たとえば、ドミノ1つだけですでに上下が一致しているものもある。そこで、初期配置と最終配置を表すドミノが必ず列の両端にくるような工夫が必要である。それはつぎのようにすればよい。すべての文字と文字の間に＊を挿入することにして、ドミノの上下を図8・6のように＊1つぶんずらしておく。これによって、上下がそろった並びは、初期配置から最終配置に至る置換ステップだけを表すようになる。

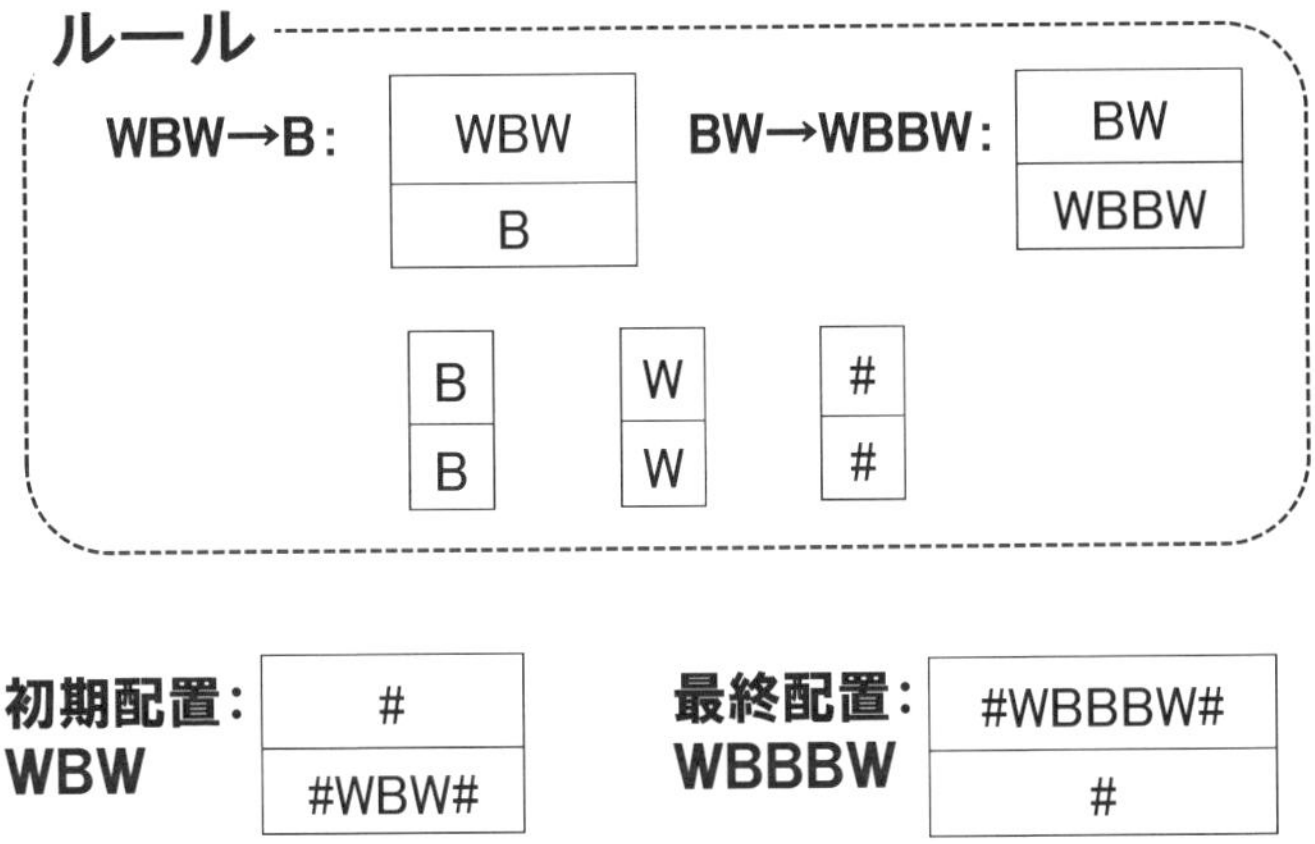

これら7つのドミノを使って、以下のように上と下の列が一致する並べ方ができる。

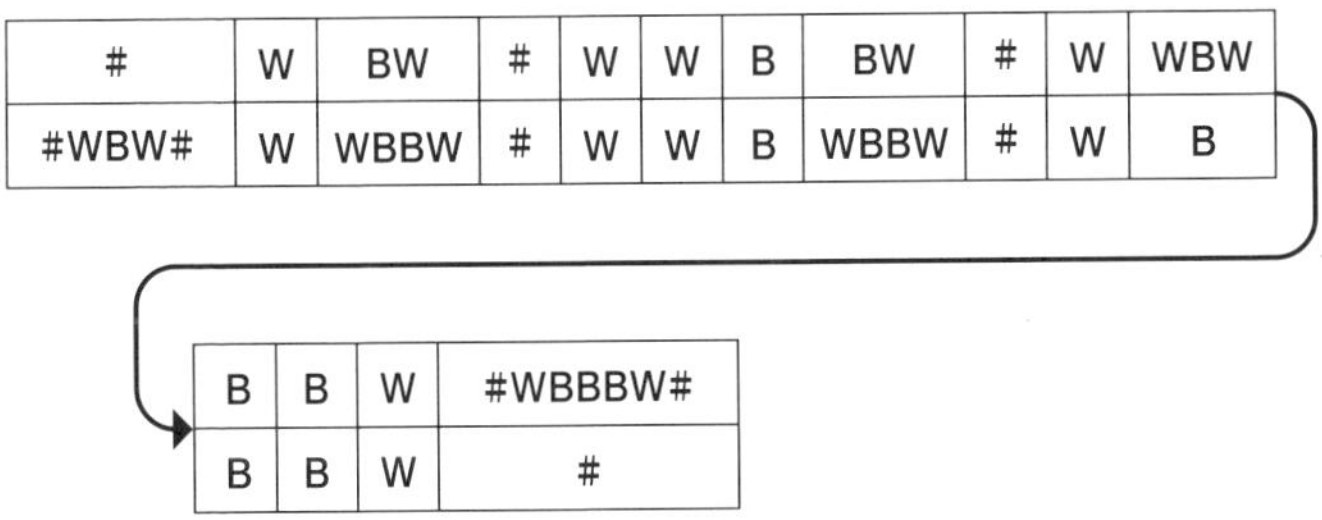

図8・5

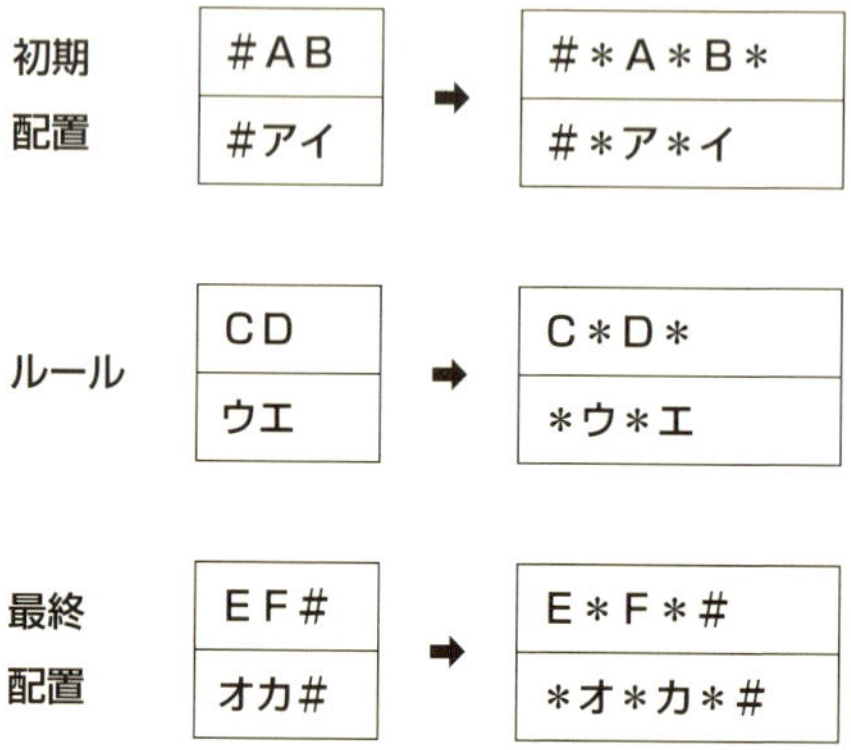

図8・6

ワン（王）のタイル

ハオ・ワンは、晩年のゲーデルと親交をもっていた数少ないロジシャンの1人として知られるが、一九六〇年代には計算可能性理論における独自の研究も多い。ここで紹介するのは、その中でも有名な仕事である。

【問題26】 辺が3色で塗られた4個のタイルがある（図8・7）。隣接する辺が同色になるようにタイルを並べて、平面を埋め尽くすことは可能だろうか？　ただし、タイルは回転してはならない。

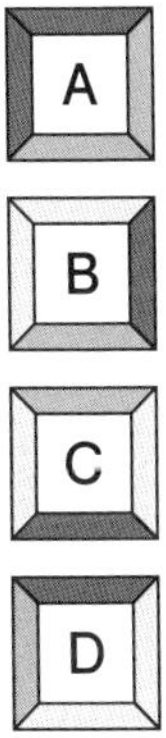

図8・7

〈ルール〉

① 回転と裏返しは禁止。

② 隣り合うタイルが共有する辺（三角）は同色。

これは、無限平面のジグソー・パズルとも考えられる。なぜなら、図8・8のように、各タイルはジグソー・パズルのピースに置き換えることができるからである。ここで、同色の上下辺、左右辺には、対になる凹凸がつくられている。

図8・8

【解答】 可能である。まず、図8・9のように5×5のブロックに敷き詰める。このブロックは、上下の両辺、左右の両辺で、色パターンが一致しているので、これをつぎつぎ上下、左右に連結していけば、無限の領域が覆える。

図8・9

これからが本題である。有限種類の色タイルが与えられたとき、それらで平面を覆えるかどうか機械的に判定できるだろうか？　ワンはつぎの予想を立てて、それが可能だと考えた。

ワンの予想

有限種類の色タイルで平面を覆えるときは、長方形の周期ブロックのくり返しで覆えるだろう。

この予想から、平面を覆えるか否かの機械的な判定が得られる理由はつぎの通りだ。あらゆるサイズの長方形について、小さいものから順につぎの1、2を調べる。

1. それは充塡できるか？ ↓「いいえ」なら平面全体もダメ
↓「はい」ならつぎへ
2. 周期ブロックになる充塡法はあるか？ ↓「はい」なら終了
↓「いいえ」ならつぎの長方形へ

各サイズの長方形について、与えられたタイルで充塡できるか、また周期ブロックになるかは、有限の組み合わせで判定できる。だから、もしワンの予想が正しければ、つぎつぎと長方形を調べていくことで、いつかは充塡できなくなるか、周期ブロックが発見されるはずである。

しかし、予想は成立しなかった。ワンの平面充塡問題が決定不可能であることは、彼の学生R・バーガーによって証明されたが、これにはいろいろと副産物があった。まず、R・ロビンソン（妻のジュリアも有名なロジシャン）が、たった6ピースのジグソー・パズルで、平面を充塡するが、周期性をもたないものを発見した（一九七一年）。傾いた三角の突起に注意して、線を入れておく（図8・10）。

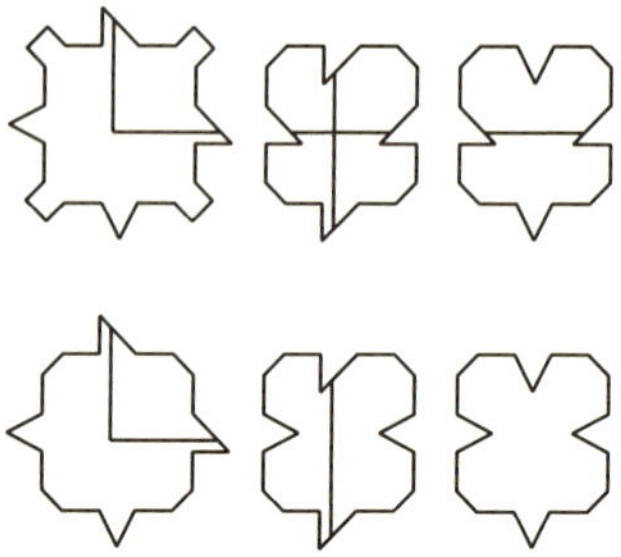

図8・10

これを敷き詰めていくと、たとえば図8・11のようになる。傾いた突起が2つあり、凹みはないので、これと同じブロックを組み合わせることはできない。しかし、敷き詰めを拡張していくことは簡単にできる。すると、突起につながる線は1辺7タイルの正方形を形成するようになるだろう。このように敷き詰め範囲を広げるとつぎつぎ大きな正方形が現れてくるので、周期ブロックがないことがわかる。

続けて、イギリスの数理物理学者R・ペンローズ（一九七四年）が、図8・12のように2種類の菱形による非周期充填を発見した。5回（72度回転）対称性をもつきれいな形だが、平行移動で重ねら

れるような周期性はない。(2)

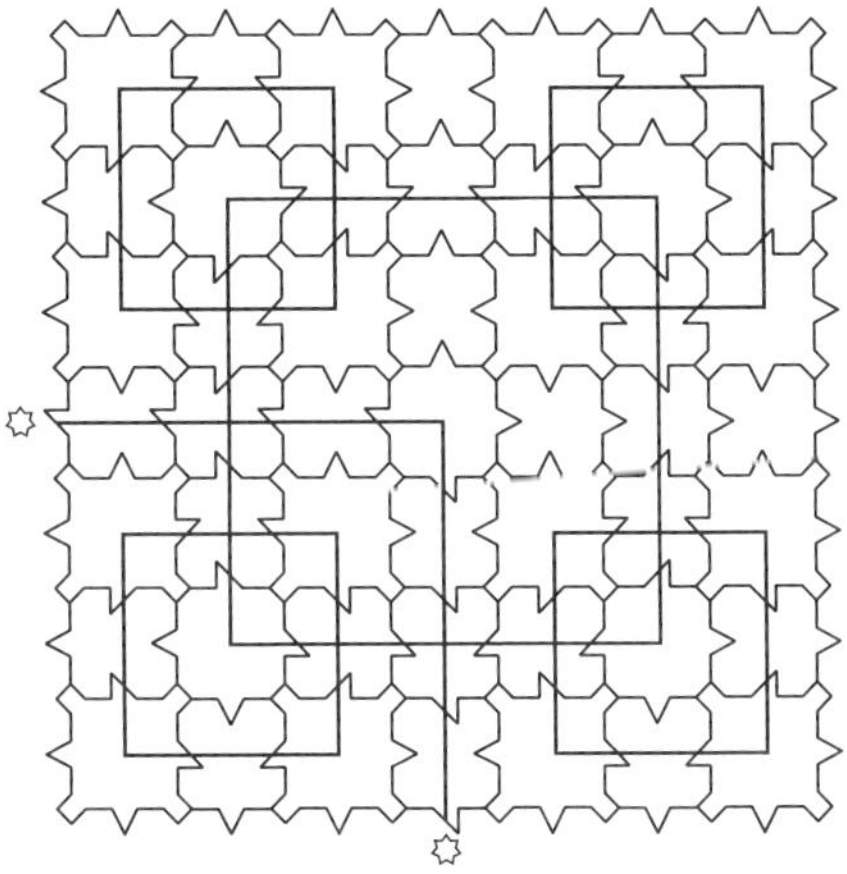

図8・11

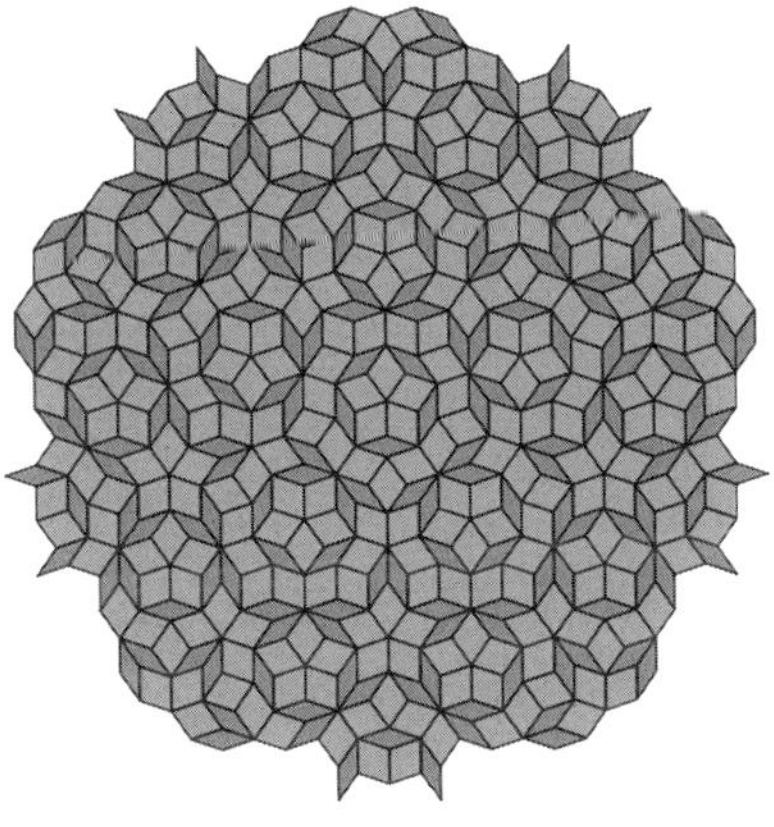

図8・12

最近、このペンローズ・タイルが電気剃刀用の網刃に使われたり、ワン・タイルがコンピュータによる人工テクスチャー(織物の生地や花畑の景色など)の作成に使われたりしている。どちらも周期性がないこと、もとをたどれば計算しにくいことが、実用化につながったのである。

つぎは、図形を使わない決定不能問題である。

ゲームの決定性

「ナイト・ツアー」のようなチェス・パズルは、18世紀のオイラーの頃から数学的に研究されてきた。しかし、本物のチェスが数学の研究対象になるのは20世紀に入ってからである。チェスに関する世界初の本格数学論文は、集合論の研究者E・ツェルメロによる『チェス・ゲームの理論への集合論の応用』（一九一三年）であるといわれている。その考察はチェスだけでなく、他の多くのゲームにも応用できるので、この論文は「ゲーム理論」の嚆矢《こうし》とされる。

ツェルメロが問題にしたことは、どちらかのプレイヤーが必勝戦略をもっているかどうかである。たとえば「白先2手でチェックメイト（詰み）」といった演習問題（いわゆる詰めチェス）があるが、ある自然数 n が存在して、初期配置から白先で n 手以内にチェックメイトという問題は成立するだろうか？　そのような n があるとすれば、どれくらいの大きさになるのだろうか？（注：チェスでは、先手後手双方が1回ずつコマを動かして1手（move）と数えるのが正式である。しかし、数学的な議論においては、1つのコマを動かすことを1手と呼ぶことも多い。その違いは以下の議論では重要ではない。）

ツェルメロが得た定理を述べておこう。

【命題】　チェス（のようなゲーム）では、（局面の総数 n 手以内で）先手必勝か、後手必勝か、引き分けるか、あるいは無限にプレイが続くかの1つだけが真となる。

今日、グランドマスター級の力をもつ計算機（とチェス・プログラム）は珍しくなったが、それでも前の命題の3つの選択肢のどれが真であるかはまだわかっていない。

さて、パズルとゲームは近い関係にある。パズルは1人でするゲームと考えられるし、ゲームに必勝法があるかないかはパズルとして扱える。ここでは、置換パズルをもとにして、必勝法が計算的には求まらないゲームについて考える。

第7章で「置換ルールが記号列Rによって記述され、初期配置もRによって記述されている置換パズル」をP（R, R）で表した。任意の記号列Rに対して、P（R, R）は確定動作（一意的な変形）を行うが、一連の動作が終了する（解をもつ）かどうかを機械的に判定することはできなかった。ここでは、最終配置に至るまでのすべてのステップを含む過程を解と呼ぶ。

では、2人のプレイヤー（花子と太郎）の間でつぎのような応対をするゲームを考えてみよう。

花子：記号列Rを選ぶ。
太郎：P（R, R）が解をもつか否かを判定し、もつという判定に対しては実際に解を示す。そして、それが正しい解であれば、太郎の勝ち。間違った解であれば、花子の勝ち。
花子：太郎が解をもたないと応えた場合、花子が解を示す義務を負う。そして、それが正しい解であれば、花子の勝ち。間違った解であれば、太郎の勝ち。

記号列Rと、P（R, R）の解の候補を与えた場合、それが正しい解であるかどうかを確かめるのは、簡単に計算できる。つまり、これは計算可能な有限ゲームである。さらに、花子が必勝法をもつことはあり得ない。なぜなら、もし花子が必勝法をもつなら、彼女はそれにしたがって、記号列Rを選ぶ。必勝法なので、太郎がそれにどう応えても、勝てるはずである。彼女はそれにしたがって、記号列Rを選ぶとしよう。そのとき、花子は、正しい解を構成しなければならない。そこで、太郎は解をもたないと応えるとしよう。そこでつぎに、太郎が解をもつと応えて、いま花子が構成した解と同じものを彼が示したらどうなるか考えてみよう。太郎がその解を自分で構成できる能力がなくても、誰かに教わるとか、たまたまデタラメにプレイしてそうなったとしても、花子が必勝法をもつなら、それに対抗できないといけないはずだ。しかし、何しろそれは彼女自身がつくった解と同じなので、勝つことは不可能である。

以上により、もしどちらかが必勝法をもつなら、それは太郎の方である。だが、太郎の必勝法は、

P（R, R）の解の有無を判定するものだから、機械的に計算できないことがわかっている。このゲームでは、勝敗を機械的に判定でき、さらに花子が必勝法をもたないことはわかっているので、きっと太郎が必勝法をもつのだろうが、それは計算的に求まらない。じつは、必勝法が計算可能でないだけでなく、算術的に定義できないようなゲームや、さらに必勝法の存在自体もわからないようなゲームもある。後者については第9章で紹介する。なお、このようなゲームをつくることが私の本職といってもよい。

（1）ポストの対応問題について、より厳密な解説はJ・ホップクロフト、J・ウルマン、R・モトワニ、野崎昭弘他訳『オートマトン 言語理論 計算論Ⅰ、Ⅱ』（サイエンス社、二〇〇三）などを参照。

（2）ペンローズ・タイルが有名になったのは一九七〇年代に『サイエンティフィック・アメリカン』誌に載ったM・ガードナーのいくつかの解説記事からである。これはガードナーの13番目の本（一九八八年）に収録されており、とくにペンローズの記事については一松信訳『ペンローズ・タイルと数学パズル』（丸善、一九九二）に日本語訳がある。

❾
帽子パズル

帽子パズルの今昔

今世紀に入って、数学の研究者や愛好家の間でリバイバルしたのが、帽子の色当てパズルだ。自分で自分の帽子はみえないので、他の人の帽子の色と、制限された会話などの付加情報から、自分の帽子の色を推定するというものである。原型は何十年も前からパズル・ファンに知られていたが、新種のパズルがつぎつぎと発見されて、あっという間に広まった。二〇〇一年四月二〇日付けの『ニューヨーク・タイムズ』に「なぜいま、数学者たちは帽子の色を気にするのか」という記事が載ったくらいだ。

とりあえずは、古典的な問題を試してもらおう。

【問題27】 4人の男が逮捕された。看守はそのうち3人を衝立に向かって1列に並ばせ、残る1人を衝立の裏に立たせた。そして、赤と青2つずつあった帽子を1つずつ囚人にかぶせた。衝立の前に並んだ囚人がみえるのは、自分の前に立つ囚人の帽子のみであり、衝立の裏の囚人は他の囚人をみることもみられることもない。また、どの囚人も、4つの帽子が赤2つ青2つであることは知っている。

看守は4人の囚人にこういった。誰か1人でも自分の帽子の色がわかったら、4人全員を釈放しよう。しかし、もし誰かが間違った答えをいったら、4人全員すぐに処刑する。看守が帽子をどのようにかぶせたかにかかわらず、囚人たちが自由になる方法をみつけられるか。

帽子の色は赤と青で、登場人物を囚人と看守にするのが、問題の定番設定である。これと類似の問題が、日本の某名門小学校の入試問題に出たという噂が二〇一二年前半にフェイスブックで話題になったが、信憑性は定かでないし、そうだったとしても登場人物は囚人でなかっただろう。

【解答】 衝立に向かって並んだ3人の囚人を、衝立に近い方からA、B、Cとしよう。そうするとBはA（とAの帽子の色）をみることができ、CはAとBをみることができる。そこで、もしCがAとBが同じ色の帽子をかぶっているのをみたら、Cは自分の帽子の色が反対の色だとわかる。しかし、もしAとBが異なる色の帽子をかぶっていたら、Cは何もいえない。鍵となるのは囚人Bで、ある程度時間が経ってもCが何もいわなかったら、AとBの帽子の色は異なると推測できる。さらにBはAの帽子をみることができるので、それにより自分の帽子の色を推測することが可能になる（衝立の裏の囚人は問題には関係がなかった）。

この種のパズルでは、すべての参加者が完全に合理的な推論を行い、適切な行動をとると仮定している。だから、この場合囚人Cの沈黙は、彼が「AとBが異なる色の帽子をかぶっている」と口に出していうのと同じメッセージと解するのが、ここでの了解事項である。

中級クラスの問題に挑戦

問題は徐々に複雑になっていく。最後には解けない問題が登場するが、当分は解ける問題を扱うので、じっくり考えていただこう。

【問題28】 囚人Aと囚人Bは、自分ではみえない赤か青の帽子をかぶらされて、向かい合っている。2人とも同じ色の帽子かもしれないし、別の色かもしれない。2人は何も会話を交わさず、ただ自分の帽子の色が赤であるか青であるかを同時に答えなければならない。そして、少なくとも一方が正解であれば2人とも釈放され、2人とも間違えば処刑される。2人が100パーセントの確率で自由になるにはどうしたらいいか？

【解答】　囚人AはBの帽子の色と同じ色を答え、囚人BはAの帽子の色と異なる色を答えればよい。囚人の立場になって色の組み合わせをあれこれ考え出すと複雑になる。しかし、2つの帽子の色は同じか、異なるかの2通りしかないという前提で考えれば、2人の発言の一方が正しいことは簡単にわかる。実際、同じ色なら囚人Aの発言が正しく、異なる色なら囚人Bの発言が正しい。

この解答が理解できれば、つぎの応用問題も解くことができるだろう。

【問題29】　囚人A、B、Cは、自分ではみえない赤か青か白の帽子をかぶらされて、向かい合っている。3人とも同色の場合もあれば、2人が同色の場合もあり、3人とも違う色の場合もある。3人は何も会話を交わさず、ただ自分の帽子の色を答えなければならない。そして、少なくとも1人が正解であれば全員釈放される。確実に全員自由になるためにはどうしたらいいか？（解答は148ページ）

つぎは問題設定を少し変えて遊んでみよう。

【問題30】　家族団らんの夕べ、お母さんは3人の男の子の方を向いて「ほっぺにご飯粒がついているわ」といった。3人の子のうち少なくとも1人の顔には米粒がついているという意味だが、ロジシャンのお父さんに厳しく育てられた3兄弟は、互いの顔をみて一呼吸をおくと、みんな自分の頬に手を伸ばした。なぜだろうか？

よくみる問題はつぎのようなものだった。

【問題30の原形】 3つの青い帽子と、2つの赤い帽子を3人の死刑囚にみせながら、看守がこういった。「この中の3つを君たちにかぶせるが、自分の帽子が青いと確信したら逃げてよい。しかし、それがもし赤い帽子だったらその場で射殺する」。3人はしばらく考えていたが、やがていっせいに逃げ出した。どうして青い帽子と確信できたのか。

これは「ディラックの問題」と呼ばれていて、公務員試験などに頻出するらしい。作者が物理のディラックなのか、グラフ理論のディラックなのか、他の人なのかも私は知らないし、その名を出すのも躊躇《ためら》われたので、問題を変えてみたのだが、やはり原形の方がわかりやすかったかもしれない。ともあれ答え方は同じだ。

【解答】 もし米粒のついた子が1人だけだったら、その子は他の2人に米粒がついていないのをみて、考えることもなく、自分の頬に手がいくはずである。しかし、すぐに立ち上がる子はいなかったので、米粒は2人以上についていて、米粒のついていない子はたかだか1人ということになる。そこで、もし米粒のついていない兄弟を1人でもみたら、自分には米粒がついていることがわかる。しかし、みんな一瞬考えたということは、米粒のついていない兄弟をみている子はいないということになり、3人そろって自分の顔に米粒がついていると推論したのである。

【問題29の解答】 帽子の色を赤＝0、青＝1、白＝2で表す。3人の帽子の色の合計を考えると、0～6になる。いま、囚人Aは他の2人の色をみたうえで、合計が0か3か6になるように自分の色を答える。たとえば、青と白がみえていれば、1＋2＝3なので、0の色、つまり赤である。同様に、囚人Bは合計が1か4に、囚人Cは合計が2か5になるように選ぶと、3人の誰かは正しい。

つぎは、大学の入試問題である。これまでの問題の考え方がつかめていれば、解くことができるだろう。

【問題31】 丸テーブルを囲んだ9脚の椅子に赤または白の帽子をかぶった9名が座っており、そのほかに帽子をかぶっていない質問者1名がそばに立っている。椅子に座った9名は、それぞれ他の8名の帽子の色を見ることができるが、自分の帽子の色を知らない。

まず、質問者が「赤い帽子の人が見えますか」と質問したところ、9名全員が「はい」と答えた。次に「椅子に座った皆さんは赤または白の帽子をかぶっていますが、9名の中で白い帽子の人数は赤い帽子の人数より多いです」と伝えた。そして、「自分の帽子の色がわかりますか」と質問したところ、9名全員が同時に「いいえ」と答えた。

以上の情報をもとに、椅子に座った9名がそれぞれ自分の帽子の色を推定できるかどうかについて、理由とともに600字程度で述べよ。ただし、これらの9名には十分に論理的な思考をする能力があるものとする（出典：二〇〇八年度後期入試、東京工業大学第3類）。

「自分の帽子の色がわかりますか」と質問して、全員が「いいえ」と答えているのに、その上で自分の帽子の色を推定できるかと問うのは、問題が変だと思った受験者もいたかもしれない。しかし、他の人の「わからない」という返事が一種の情報になるというのがミソである。

【解答】 赤い帽子をかぶった人の人数をnとする。質問者とのやりとりから、$0<n<\frac{9}{2}$であること、つまりnは1、2、3、4のどれかであることがわかる。nが1の場合、ただ1人の赤い帽子の人からは赤い帽子をかぶった人がみえないので質問の答えが違う。nが2の場合、赤い帽子をかぶった1人は、もう1人の赤い帽子をみてこう考える。もし自分が白い帽子をかぶっているならばBには赤い帽子をかぶった人がみえないので、自分は赤い帽子をかぶっていると推論できる。これは最後の質問の答えに反する。正解はnが3の場合になるのだが、それを示すためにはnが4になる可能性をつぶしておけばよい。そこで、nが4であると仮定して矛盾を導く。このとき白い帽子をかぶった人には、赤い帽子をかぶった人と白い帽子をかぶった人が4人ずつみえる。白い帽子の数が多いことから、自分の帽子の色は白でなければならないと推論できるが、これは最後の質問の答えと矛盾する。以上から、nが3の場合が正解であり、そのことが共通知識になれば、誰でも自分のみえている赤い帽子の色の数から、自分の帽子の色が判定できる（この解答は470字程度しかない。「600字程度で述べよ」という出題に合わせて、字数を水増しするのは受験生にまかせよう）。

新種パズル

ここから、数学者も頭をかかえる新種パズルの登場だ。(1)

【問題32】 3人の囚人に、赤か青の帽子がランダムにかぶらされている。つまり、それぞれの帽子の色はコイン投げによって決定されているものとする。もちろん本人は自分の帽子の色を知らないが、他の2人の帽子はみることができる。囚人たちは、帽子をかぶらされる前なら打ち合わせをしてもよいが、帽子をかぶらされた後はいっさい会話が許されない。各囚人は、自分の帽子の色を推測して答えるか、沈黙する。そして、少なくとも1人の囚人が正しく答え、間違った答えをする参加者がいなければ、彼らは釈放されるとする。釈放の可能性を最大化するような戦略をみつけよ。

各自の帽子の色は他の2人の帽子の色とは関係ないから、各人が当てられる可能性は50パーセントである。したがって、1つの簡明な戦略は、あらかじめ定めた1人が「赤」と答え、他の2人が沈黙することである。この戦略を使えば釈放される確率は50パーセントとなり、これより有利な戦略は一見なさそうにみえる。ところが、勝率を75パーセントまで上げる方法があるのだ。

【解答】　まず、3人の帽子の色の組み合わせをすべて列挙してみよう。赤をRで、青をBで表せば、RRR、RRB、RBR、BRR、BBR、BRB、RBB、BBBの8通りで、これらはすべて同じ確率で起きる。この中で、最初のRRRは全員が赤い帽子、最後のBBBは全員が青い帽子になることを表している。したがって、8つの組み合わせのうちの6つは、2人が同じ色の帽子をかぶり、残り1人が異なる色の帽子をかぶっていることになる。

そこで、つぎの戦略を考えよう。各自は他の2人の帽子の色をみて、異なる色だったらパスし、もし同じ色だったら、自分の帽子の色はそれと異なるものだと答える。これによって、8つの場合のうち6つについて、1人の囚人が正答を得て、他の2人がパスをすることが簡単にわかる。全員の帽子が同じ色のときは、全員が答えを間違えるが、それは25パーセントの可能性でしか発生しない。

【数学的保証】　右の作戦以上によい方法がないことを示す。3つの色の組み合わせは8通りあった。この作戦で、各人が正答と誤答を何回ずつ出しているかを考えてみよう。たとえば、最初の囚人は、BRRとRBBに対して正答し、RRRとBBBに対して誤答するから、それぞれ2回ずつである。帽子の色はコイン投げで決められており、各人の答えが当たるか外れるかは同じ確率であり、また各人の正答数と誤答数も同じでなければならない。この作戦のポイントは、正答はばらばらに現れ、誤答はまとまって現れることにある。ある囚人が正答率を上げようとすれば、誤答率も上がってしまう。

つまり、3回正答を出すためには誤答も3回出す必要があり、全体の勝率を下げる。逆に、誤答を1回に下げようとした場合、正答も1回に下がるので、やはり全体の勝率は下がる。

【発展】 このパズルのバリエーションは無数に考えられるが、まず囚人の数をふやして、7人にしたらどうなるかを考えてみよう。勝率は上がるだろうか、下がるだろうか、それとも同じだろうか？かなり難しい問題だが、勝率を8分の7まで上げる作戦がある。この作戦は数学者R・ハミングが発明した符号技術を使って一般化されるが、ここでは天下り式につぎのような16個の2進列が与えられているとしよう（B、Rがそれぞれ0、1に対応すると考える）。

0000000、0001111、0010110、0100101、
1000011、1001100、1010101、1100110、
0101010、0110011、0011001、1110000、
1101001、1011010、0111100、1111111

7桁の2進列は2^7で128個あるから、これらはその8分の1である。この16個の2進列の特長は、128個のどの列も、16個のうちのどれかか、その1つとちょうど1カ所で0、1のビットがひっくり返っているものとなっている（3桁の2進列の場合なら、000と111がその役割を果たす）。いま、囚人たちは何らかの順序で並んでいるとして、帽子の色を0、1

で表せば、7桁の2進列が一意に対応する。このとき、たかだか1ビットしか違わない2進列が右の16個の中にただ1つ存在する。そこで、各囚人は他の6人をみて、右の16個の2進列の中で6つのビットまで同じ列をみつけた人が、自分の位置に当たるビットをひっくり返して答えるのだ。もし、実際に生じた組み合わせが16個の1つであれば、全員が誤答をいうことになる。しかし、1ビットだけ異なっている場合は、そこに当たる人が正答し、他の人は沈黙するはずである。したがって、128個のうち112個で成功し、失敗はたった16個である。

このような列がうまくとれるのは、囚人の数が2^k-1のときだけである。では、それ以外のときはどうなるのだろうか？　また、囚人が1列に並んで前方の人しかみえない場合はどうかなど、問題はつきない。

決定不能な帽子パズル

最後は、前述の問題の自然な無限拡張について考える。簡単にみえるが、けっしてそうではない。

【問題33】 囚人たちが無限にいるとする。これまでと同様に本人にはみえないように赤か青の帽子を全員がかぶらされている。どの囚人も自分以外の帽子の色はみえる。囚人たちは、自分の帽子の色を当てるようにいわれる。そして、今回のルールは、間違った色を答える人が有限であれば全員が解放され、そうでなければ処刑されるというものだ。全員が生き残れるような作戦はあるだろうか。

【解答】 問題の設定は単純だから、「作戦はある」か「ない」かのどちらかであるように思える。ところが、どちらになるかを判定する手段が数学にはない。それがあるとしても、ないとしても、私たちがはっきり理解している範囲の数学とは矛盾しないことが知られている。これは、数学史上もっとも不確かな「公理」として知られる選択公理に依存している。この公理の説明は後回しにして、問題についての考察を進めよう。

先のハミング符号を思い返してみよう。7桁の2進列に対して、16個の代表を選んで、すべての列がその1つとたかだか1ビットしか違わないようにできた。したがって、あらかじめその16個が何かという知識を共有しておけば、実際の帽子の列がその中のどれと近いかということで全員がほぼ一致する判断ができた。この状況をつぎのように無限列に拡張しよう。無限列全体からいくつか（無限個）の代表を選んで、すべての列がその代表の1つと有限ビットでしか違わないようにする。この代表選択を可能にするのが選択公理である。無限列全体を、互いに有限ビットしか違わない列のクラスに分割して、各クラスから1つずつ列を選択すればよい。簡単そうにみえるが、具体的に代表列のとり方を与える方法はなく、選択公理を認めることによって初めて、代表列の集まりの存在がいえるのだ。そして、代表列の集まりが存在するなら、すべての囚人は、他の囚人の帽子を観察することで、どの代表列の類似物が現実に現れているか判断できる。そうすれば、各自その代表列における自分の位置の色を答えておけば、全体として間違いは有限ですむわけだ。

選択公理について、少し説明しておこう。この公理は、空でない集合を無限個集めたとき、各集合から1つの代表を選んで、代表全体の集合をつくることができるというものだ。それぞれ空でないのだから、1つの要素は選べるはずである。しかし、それを集めたものに集合として市民権を与えられるかどうかがポイントだ。たとえば、悪い人の集まりといった境のはっきりしないものは集合として、つまり数学の対象として扱わないというのが数学的な立場である。B・ラッセルはこんな例で説明している。靴が1足ずつ入った箱が無限にあるとき、各箱から片方をとり出して集合をつくるには、選択公理は必要ない。たとえば、右足用の靴を集めればよいだけだ。しかし、靴下が1足ずつ入った袋が無限にあるときに、各袋から片方をとり出して集合をつくるのは、選択公理が必要である（靴には洗濯はいらないが、靴下には洗濯が必要だと覚えておこう）。

選択公理のどこが悪いのかと思う読者もおられるだろう。有名な「バナッハ－タルスキのパラドクス」[(2)]によれば、選択公理を用いると、1つの野球ボールを有限個のピースに切り分けて、それらをうまく組み直すと、地球より大きな球をつくることもできてしまうのだ。だから、用心深い数学者は、この公理の使用を極力避ける。ただ、選択公理は私たちがイメージできる有限世界に矛盾するわけではないことがゲーデルによって示されている。矛盾がないからといって、公理として認めていいかどうかが、数学内では判断できない問題なのだ。

さらに、応用問題を1つ。

【問題34】 無限の囚人たちに、有限色の帽子がかぶらされている。（選択公理を使って）間違った色を答える人の数を有限にする作戦はあるだろうか。無限の囚人たちに、無限色の帽子がかぶらされている場合はどうか（問題29とも比較せよ）。

決定不能なゲーム

ツェルメロの定理によれば、チェスのようなゲームでは、有限でプレイが終了して、勝ち負け、もしくは引き分けが決定するか、無限にプレイが続くかであった。有限の引き分けについては、便宜的に先手の勝ちなどと定めることができるし、無限プレイについても最終的にどちらが勝ちかを決めることもできる。つまり、どんな場合にでも勝負が決着するようにゲームを修正することは数学的には可能だ。しかし、各プレイの結果について勝敗が決まっても、どちらかのプレイヤーに必勝法があるか否かは定かでないし、実際にそれは決定できないというのが、これからの話である。

話をわかりやすくするために、ゲームを単純化して、2人のプレイヤー花子、太郎が、交互に0か1かの数を選ぶことにする。まず花子がn_0を選び、つぎに太郎がn_1を選び、これに対して花子がn_2と応えて、以下同様に続く。その結果、無限2進列n_0、n_1、n_2、…ができる。この列は区間［0,1］内の実数rの2進小数表示$0.n_0n_1n_2\cdots$とみなすことができる。

$$
\begin{array}{lccccccl}
\text{花子} & n_0 & & n_2 & & & & \\
 & & \searrow\ \nearrow & & \searrow\ \nearrow & \cdots\cdots & & r = 0.n_0n_1n_2n_3\cdots \\
\text{太郎} & & n_1 & & n_3 & & &
\end{array}
$$

そこで、まず集合$A \subset [0,1]$を定めて、プレイヤーたちが選んだ2進列が表す実数rが集合Aの要素ならば花子の勝ち、そうでなければ太郎の勝ちと定めよう。このようなゲームで、どのような集合Aについても、どちらかのプレイヤーに必勝戦略があるといえるだろうか？

たとえば、Aを単位閉区間［0,1］上の有理点の集合としたとき、太郎は必勝戦略をもつ。太郎が0100010000100001…のように非周期的にプレイすれば、花子がどんな手を打っても2人合わせてできる2進小数は循環小数（有理数）にならないので、太郎が勝利することになる。しかし、どんな集合Aについても、どちらかに必勝戦略がみつかるわけではない。以下では、選択公理の仮定のもとで、決定不能なゲームが存在することの概略を示す。プロのロジシャンを目指したいという奇特な人以外は、ここを読み飛ばそう。

各プレイヤーの戦略は、過去のプレイ（有限2進列）に対しつぎの手（0か1）を定める関数である。そのような戦略は、2進無限列と同じ個数、つまり［0, 1］の濃度κと同じだけ存在する。そこで、選択公理（整列定理と同値）によって、それらを整列させ、花子と太郎の戦略全体をそれぞれ$\{\sigma_i : i < \kappa\}$, $\{\tau_i : i < \kappa\}$とする。これらから、互いに共通部分をもたない2進無限列の集合$A = \{a_i : i < \kappa\}$, $B = \{b_i : i < \kappa\}$を以下のようにつくる。いま$\{a_i : i < j\}$, $\{b_i : i < j\}$まで構成されたとして、相異なるa_j、b_jを$\{a_i, b_i : i < j\}$の外でつぎのように選ぶ。b_jは花子が戦略σ_jを選んだときに、太郎のある戦略に対して生じるプレイ（無限列）である。このようなb_jあるいはその元になる太郎の戦略がとれる理由は、$\{a_i, b_i : i < j\}$の濃度がκより小さいからである。同様に、太郎の戦略τ_jに対して、a_jを定める。こうして定めた集合Aに対して、どちらのどの戦略も必勝戦略にならないことは容易にわかる。実際、花子のどの戦略に対しても、太郎が適当な戦略を選べば、結果はBに入り、逆に太郎のどの戦略に対しても、花子がうまく戦略を選べば、結果はAに入るからだ。

（1）ジュリアン・ハヴィル、松浦俊輔訳『世界でもっとも奇妙な数学パズル』（青土社、二〇〇九）の第6章「いちかばちか」。ピーター・ウィンクラー、坂井公・岩沢宏和・小副川健訳『とっておきの数学パズル』7章「ゲーム」および『続・とっておきの数学パズル』9章「旧友と再会する旅」（日本評論社、二〇一二）に帽子パズルの新種問題が書かれている。

（2）L・M・ワプナー、佐藤かおり・佐藤宏樹訳『バナッハ－タルスキの逆理――豆と太陽は同じ大きさ？』（青土社、二〇〇九）。砂田利一『バナッハ・タルスキーのパラドックス』新版（岩波書店、二〇〇九）。

❿

期待値は期待できない？

期待値とは

平成24年度から新指導要領にもとづく高校の授業が始まった。すべての教科でさまざまな内容改訂が行われたが、数学Aの「期待値」が数学Bに押し出されたことは、受験数学に絡んで影響が少なくない。理系の人はサイコロの出る目の期待値が3・5（＝（1＋2＋3＋4＋5＋6）／6）だといっても何も不思議に思わないだろうが、そんな半端なサイコロの目は絶対に期待できないと主張する人も世の中にはいる。これで文系入試から「期待値」が消えてしまうと、「期待値」の数理についてわかる人がさらに減ってしまうのは残念である。

では、期待値の定義をおさらいしておこう。

> （背反な）事象A_1、A_2、…、A_nがあって、各事象に値x_1、x_2、…、x_nが割り当てられている。各事象の生起確率がp_1、p_2、…、p_n（総和は1）であるとき、割り振られた値の期待値は、$x_1p_1+x_2p_2+\cdots+x_np_n$である。

実際に期待値を求めるときは、確率を使うよりも、全事象の値の総和を事象の総数で割って算出することが多い。事象の生起確率がすべて同値であるとすれば、それは総数分の1であり、期待値は右の定義と一致する。

具体的な例題として、二〇一一年と二〇一二年の年末ジャンボ宝くじの期待値を求めてみたい。

2011年（平成23年）年末ジャンボ宝くじ

等級	賞金	本数	小計
1等	200,000,000	2	400,000,000
1等の前後	50,000,000	4	200,000,000
1等組違い	100,000	198	19,800,000
2等	100,000,000	1	100,000,000
3等	1,000,000	20	20,000,000
4等	500,000	100	50,000,000
5等	10,000	100,000	100,000,000
6等	3,000	100,000	300,000,000
7等	300	1,000,000	300,000,000
総合計			1,489,800,000

2012年（平成24年）年末ジャンボ宝くじ

等級	賞金	本数	小計
1等	400,000,000	1	400,000,000
1等の前後	100,000,000	2	200,000,000
1等組違い	100,000	99	9,900,000
2等	30,000,000	3	90,000,000
3等	1,000,000	100	100,000,000
4等	100,000	1,000	100,000,000
5等	3,000	100,000	300,000,000
6等	300	1,000,000	300,000,000
総合計			1,499,900,000

二〇一一年の宝くじの販売枚数は１００組×10万＝１千万枚である。右の表に示すように、当選金額の合計は１４億８９８０万であるから、当選金額の期待値（３００円の宝くじ1枚につき）は１４億８９８０万÷１千万＝１４８・９８円となる。同様に、二〇一二年の期待値は、１４９・９９円であった。

宝くじの期待値は購入額の半分を超えることは絶対にない。法律（当せん金付証票法第五条）によって、当せん金品の金額または価格の総額は、その発売総額の5割に相当する額を超えてはならないと定められているからである。だから、販売するくじを1人で半分以上買い占めると、そこにすべての当たりくじが含まれていたとしても必ず損をする仕組みになっている。とはいえ、当選金額の効用や確率の主観的なとらえ方によって、宝くじを買うことが不合理だとはいえない。しかし、半分以上買い占めると必ず損をするのだから、あまり多くの枚数を買うことは理論的に正当化しにくい。

少し回り道しすぎたかもしれない。これからが考えてほしい問題だ。

【問題35】 あるお正月のこと、太郎君の前にロジシャンのお父さんがお年玉袋を2つもって現れた。そして、一方の袋には他方の袋の2倍のお金が入っていると説明したうえで、どちらでも好きな方を選んでよいといった。太郎君は2つを見比べ、迷いながら1つを選んだ。そして、中をみると2千円が入っていた。すると、お父さんは、もし太郎が望むなら、もう1つのお年玉袋と交換してあげると申し出た。太郎君は袋を交換するのがいいのだろうか、そのまま2千円で満足すべきだろうか？

もしも太郎君が交換した場合、得られる金額は1千円か4千円で、その確率は2分の1ずつだと思えるか

ら、期待値は 1000 円 $\times 1/2 + 4000$ 円 $\times 1/2 = 2500$ 円となる。太郎君は、期待値によって行動を選択することにして、交換してほしいと申し出た。すると、お父さんは、袋を交換しながら、別の申し出をした。「じつはもう1つ袋があって、その袋にもいま太郎に渡した封筒の2倍か2分の1のお金が半々の確率で入っている。交換した袋の中をみる前なら、もう一度交換してあげよう」。太郎君はこう考えた。交換した袋に x 円入っていたとして、第3の袋の中の期待値は、$(x\cdot 1/2)\cdot 1/2 + (x\cdot 2)\cdot 1/2 = x\cdot(1+1/4) > x$ となるから、やはり交換した方が得だ。したがって、太郎君はまた交換したいと申し出た。すると、お父さんはうなずきながら、太郎君が最初に開けた袋を返し、大声で笑った。この話、どこがおかしいのだろうか？

答えを述べる前に、ちょっとバリエーションを考えてみよう。価値 x のモノをもった貧しい少年が、道で出会った人に、その人のもっている価値未定のモノと少年のモノとを交換しないかと誘われた。仮にその人のモノの価値を y として、x/y と y/x の大きな方を α としよう（α は1以上）。このとき、交換によって価値が $x\cdot\alpha$ になるか $x\cdot 1/\alpha$ になるかは等確率であると仮定する。すると y の期待値は $x\cdot\alpha\cdot 1/2 + x\cdot 1/\alpha\cdot 1/2 = x\cdot(\alpha+1/\alpha)/2 \geqq x$ だから、交換した方が得になる。こうして得体の知らないモノとつぎつぎ交換していけば、期待値はいくらでも大きくなるはずだ。金持ちになる方法を発見した少年は、飛び上がって喜んだ。

【解答】 太郎君や貧しい少年の判断が数学的に間違っているわけではない。そもそも数学は期待値という概念を定義しただけで、それによって行動せよという指針を与えているわけではない。一見おかしくみえる現象は、初期条件が「2倍」とか「α倍」という掛け算で与えられているのに、期待値は足し算ベースの「相加平均」であることに起因する。掛け算の世界で期待値に相当するものは「相乗平均」である。xが2倍か半分になる場合、その相乗平均は$\sqrt{(x \cdot 1/2) \cdot (x \cdot 2)}$であるから、値は$x$のまま変わらないのだ。

つぎの類題を考えると、相加平均と相乗平均の違いが明確になるだろう。

【類題】 100万（10^6）に対して、コイン投げで「表」が出れば（10倍して）0を1つ加え、「裏」が出れば1つ0をとる。1回のコイン投げのあとの桁数（0の個数）の期待値はプラスマイナス1が等確率で生じるので最初と変わらないが、値の期待値は$100{,}000 \cdot 1/2 + 10{,}000{,}000 \cdot 1/2 = 5{,}050{,}000$と約5倍になる。前者は相乗平均であり、くわしくいえば$\sqrt{(10^5) \cdot (10^7)} = 10^6$と計算される。どちらが正しい判断とは決められないが、相加平均より相乗平均のほうが感覚に合う場合もある。

少し違った切り口を考えてみよう。

期待値の祖パスカル

数学の神童と称されたパスカル（1623-62）は、10代で歯車式計算機を制作し、それで心身を消耗したともいわれている。30代ではサイコロ賭博について数学者フェルマーと書簡を交わし、期待値の概念を導入した。遺稿集『パンセ』233節にも、神の存在に賭ける方が期待値が大きいという趣旨の文章がある。

【問題36】 一方の袋には他方の袋のα倍のお金が入っていて、αは区間［1,2］のなかのランダムな実数という場合を考えよう。このとき、$\alpha \leqq 1.5$か$1.5 \leqq \alpha$かは等確率と考えられる。いま、$\beta = 1/\alpha$とおくと、$1/1.5=2/3=0.66\cdots$であるから、$\beta \geqq 0.66\cdots$と$0.66\cdots \geqq \beta$も等確率でなければならない。

他方、$\beta = 1/\alpha$は区間［0.5,1］の任意の実数値であるから、β側で考えると$\beta \geqq 0.75$か$0.75 \geqq \beta$が同じ確率になる。これは$\beta \geqq 0.66\cdots$と$0.66\cdots \geqq \beta$が等確率であることに矛盾するが、この議論のどこがいけないのだろうか？

【解答】 区間［1,2］のなかのランダムな実数αに対して、$\alpha \leqq 1.5$か$1.5 \leqq \alpha$かが等確率だとするのは真理ではなく、仮定にすぎない。

信じ難いと思うかもしれないが、確率というのはそういうものだ。もう少し考えやすい例を与える。「ベルトランの逆理」と呼ばれるものだ。

【問題37】 単位円に任意の弦を引いたとき、その長さが内接正三角形の辺（$\sqrt{3}$）より長くなる確率を求めよ（図10・1参照）。

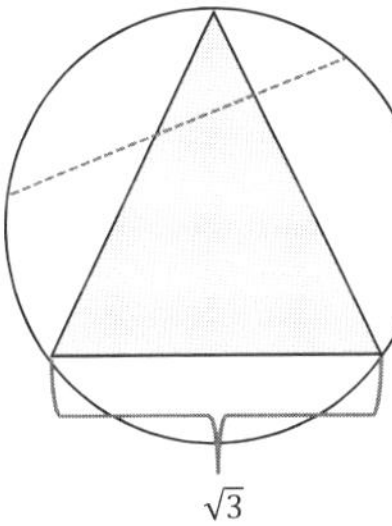

図 10・1

【解答1】 答えは2分の1だ。弦と直交する半径を考えると、弦の長さが$\sqrt{3}$より長くなるのは、弦と半径との交点が中点よりも中心に近いときになる（図10・2）。

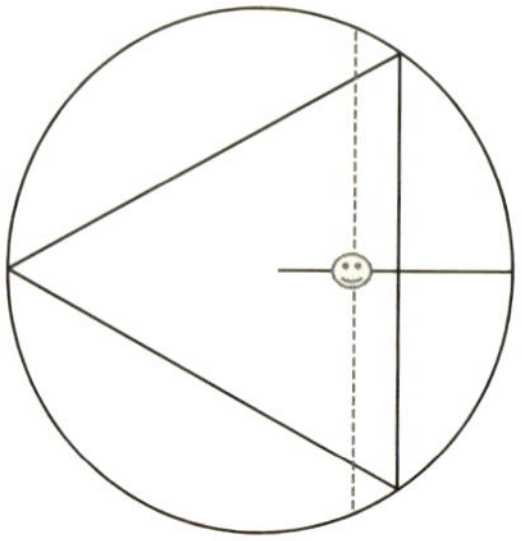

図10・2

しかし、答えはこれだけではない。

【解答2】 3分の1という答えもある。弦と半径のなす角は 0〜90度なので、弦の長さが$\sqrt{3}$より長くなるのは、その角が30度以下のときになる（図10・3）。

答えはまだある。

【解答3】 4分の1という答えだ。弦の中点が、半径2分の1の内部にあるときである（図10・4）。

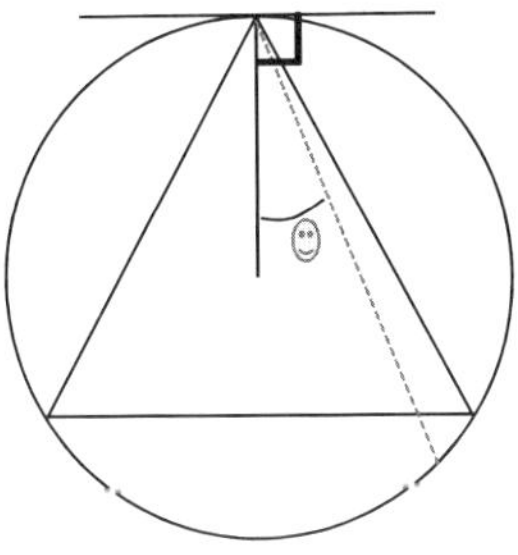

図10・3

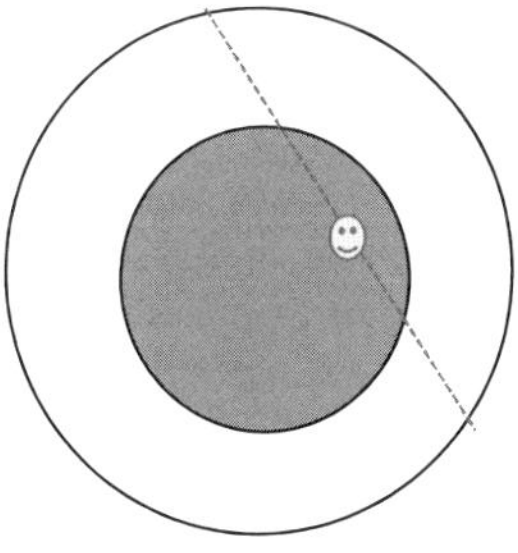

図10・4

他にもいろいろな値を出すことができる。このように計算方法によって「確率」が異なるというのは気持ち悪いと思う人が多いだろう。本当のところ「確率」の定義自体、計算方法とセットでないと意味がないのだ。それでも、実際に実験をすればどうなるのだろうかと思う人もいるだろう。それは実験の仕方によるわけだ。多くの実験方法では解答1の計算法が当てはまることが多い。しかし、たとえば、2枚葉の矢を円形の的に投げ込むような実験だったら、解答3の結果になるのは明らかであろう。これは最初から弦の中心を決めているので問題があるという指摘は確かに一理ある。だが、どのような実験でも何か立場を固定する必要がある。まったく自由に直線を引いたら、円と交わる確率は0だから、実験にならない。

「ビュフォンの針」と呼ばれる実験がある。平面上に平行線が等間隔で無限に並んでいるとき、その平行線の幅と同じ長さの針をランダムに落としたら、線にふれる確率はπ分の2になるというものだ。この場合、自然な実験であれば、確率はπ分の2以外にはなりにくい。どこに違いがあるかというと、平行線が無限本あるので、ランダムに線分を引いても、確率が0にならないことだ。他方、「ベルトランの逆理」では、直線が円と交わる条件のもとで、弦の長さが$\sqrt{3}$より長くなる確率を計算しているので、0分の0の計算をしているのと変わらないわけである。

数の大小判定問題

期待値に絡んで、ちょっと不思議な問題をもう1つあげておこう。

【問題38】 あなたのみていないところで、2つの相異なる実数（整数でもよい）が適当に選ばれ、1つずつ紙に書かれて2つの封筒に入れられた。どちらの封筒の数字が大きいかをあなたは2分の1より大きい確率で当てられるだろうか？　透視能力がない限り、それは無理だろう。そこでいま、1つの封筒の中の数字をみることが許された。だが、それを知ることは正解率の向上に結びつくだろうか。数学的思考に馴染みがないと、日常感覚的に大きな数が封筒から出れば、他の数はたぶんそれより小さいと考えるのが妥当だと思うだろう。逆に、数学に慣れ親しんでいる人は、どんな数をとっても、他の数がそれより大きいか小さいかの確率は2分の1ずつだと思うだろう。どちらが正しいだろうか。じつはどちらも完全には正しくない。

まず、つぎのような推論が正しいかどうか考えてみよう。封筒を開けて出た数字をa、隠れている数字をb、そしてあなたがaを知る前に任意に選ぶ第3の数字をcとしよう。議論を簡単にするため、cは他の2数と異なる有理数（もしくは整数）と仮定しておく。さらに、3つの数の大小順の並びは等確率で現れるとする。そのうえで、aをみて、それがcより大きいときは、「$a>b$」と答え、cより小さいときは、「$a<b$」と答えることにする。そうすると、「$a>b$」と答えたときにそれが当たるのは、「$a>b>c$」と「$a>c>b$」のときで、外れるのは「$b>a>c$」のときであるから、3分の2の割合で正答が得られる。同様に、「$a<b$」と答えた場合も、正答率は3分の2である。したがって、この方法でつねに3分の2の確率で正答が得られるというのは正しい推論だろうか？ じつは正しくない。なぜならaがcより大きいと判明した時点で、「$a>b>c$」「$a>c>b$」「$b>a>c$」の3条件は等確率でなくなるからだ。しかし、正答率は2分の1までは下がらないようにみえる。あなたには有理数cの選択権があるし、それをどう使えばよいだろう。

【解答】 最初に、すべての有理数が正の確率をもつような確率分布を考えて、第3の（有理）数cを確率的に選んでおく（有理数は可算個なのでこのような確率分布がある。また、相異なる2実数の間には、つねに有理数が存在する)。封筒を開けてみられる数字aがcの値より大きいとき、またそのときに限り、「$a>b$」と答える。これによって2分の1より高い期待値で正答を得るのだ。

少し説明を加えよう。まずあなたは、すべての有理数が正の確率をもつような確率分布で確率的にcを選ぶ。任意の2数a、bに対して、両方ともcより大きいか、両方ともcより小さいか、cをはさむかの3通りの場合がある。たとえば、a、b両方ともcより大きい場合、解答の答え方をした場合の正答率は2分の1である。なぜなら、aとbの大小は等確率と思われるからである。両方ともcより小さい場合も同様である。しかし、2数がcをはさむ場合は、aとbの大小にかかわらず、これで正答が得られる。しかも、2数がcをはさむ確率は0でないから、あなたがaとbの大小を当てる期待値は2分の1より大きいことになるのだ。

3囚人問題

再び囚人の問題である。

【問題39】 囚人A、B、Cのうち、2人が明日処刑されることに決まった。Aはその2人が誰か知らないが、少なくとも自分以外の1人は処刑されるはずである。そこでAは、自分以外の処刑される人を1人だけ教えてほしいと看守に頼んだ。その情報がA自身に何ら影響を与えないと思った看守は、

Bが処刑されることをAに知らせた。すると、Aはつぎのように考えた。Bが処刑されることを知る前は、自分が処刑される確率は3分の2だったが、それを知って自分の処刑確率は2分の1に減少した。こんな推論で、囚人Aは喜んでいいのだろうか？

「モンティ・ホール問題」をご存じの方は、その変種と思われるかもしれないが、むしろこちらが原形である。モンティ・ホールはアメリカのゲームショー番組の司会者で、ゲーム参加者に3つのドアのどれか1つの後ろにある賞品を当てさせるのに、あえてはずれのドアの1つを教えることで参加者を混乱させる。モンティ・ホール問題については、すでに多くの出版物やインターネットでもくわしく論じられているので、ここでは立ち入らない。では、3囚人の問題について答えよう。

【解答】　1つの合理的な考え方は、つぎのようなものだ。囚人B、Cの2人だけを考えれば、処刑される人数の期待値は3分の4であり、看守の情報はこれに影響しない。したがって、Bが処刑される可能性を1とするなら、Cの処刑確率が3分の1になるだけで、Aの処刑確率は3分の2のままである。したがって、Aが喜ぶのは間違っている。

しかし、ここにはいろいろと不明瞭な条件も隠されている。そもそも3人の囚人の中から処刑する2人を選ぶ方法とはどんなものなのだろうか？　それがわからないので、とりあえず各囚人の処刑確率を3分の2だとAは想定した。他方、選ぶ方法はどうあれ、誰が処刑されるか知っている看守には、処刑確率は0か1でしかない。このように、立場によって、あるいは前提によって変わる確率を「主観確率」と呼ぶが、頻度で決まる「客観確率」と比べるとどうしても整合的な扱いが難しい。それは、帰納法と演繹法の関係にも類するのだが、詳細は科学方法論の本[1]を参照していただきたい。

（1）内井惣七『科学哲学入門――科学の方法・科学の目的』（世界思想社、一九九五）、一ノ瀬正樹『確率と曖昧性の哲学』（岩波書店、二〇一一）など。

⓫
ペグ・ソリティアと逆パズル

ソリティアとライプニッツ

今日「ソリティア」という語は1人ゲームの総称として使われるが、18、19世紀のヨーロッパでは、これから説明する「ペグ・ソリティア」とその仲間だけを指していた。ペグは一時的な固定に使う釘とか杭のことで、ボードの穴に刺さった多数のペグを抜き刺ししながら移動し、ある特定の配置にするという一種の置換パズルが狭義のペグ・ソリティアである。しかし、ペグの代わりに玉や石などを凹みにおいて動かすものも昔からあり、また最近ではパソコンやスマートフォン上で動くユニークなデザインのものもいろいろあるので、「ペグ・ソリティア」という名称が本当にふさわしいかどうかはわからない。

材質ばかりでなく盤の形やペグの初期配置にも多くのバリエーションがあるのだが、一番普及しているのは図11・1のようなもので、一般に「英国式」と呼ばれる。

歴史上（ペグ・）ソリティアが最初に登場する文献は、ベルリン科学アカデミーの初代院長ライプニッツ（図11・2（上））がその紀要に載せた文章とされる。[1] 彼はそこでいくつかのパズルにふれているのだが、中心的話題はマテオ・リッチの本に描かれた「囲碁」らしきゲームの絵についてである。数学の天才であると同時に中国学の権威といわれた彼だが、この時点で碁のルールは把握しておらず、ただ強い関心を示している。ソリティアについていえば、彼は仲間と一緒にプレイするのが楽しいなどと述べたあとで、もっと難しい改訂版として「逆ソリティア」を提案している。これについては後述するが、ソリティアとは反対に盤面に石を増やしていく囲碁との出会いが発明のきっかけになったのかもしれない。さらに附言すると、この年の紀要にはライプニッツ自身による重要論文がいくつも載っていて、中には20世紀前半まで使われた円筒型段差歯車（stepped drum、図11・2（下））式計算機の仕組みを説明した論文も含まれている。なお、ライプニッツは一七一六年に死去。その後18世紀半ばに、ベルリン科学アカデミーの立て直しに尽力したのがオイラーである。

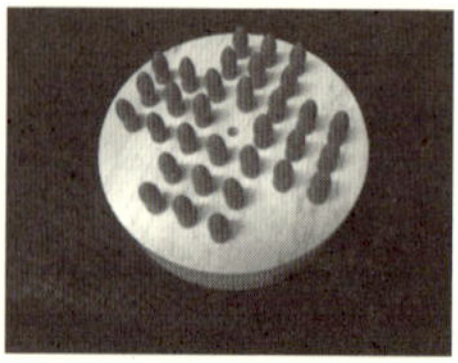

図11・1

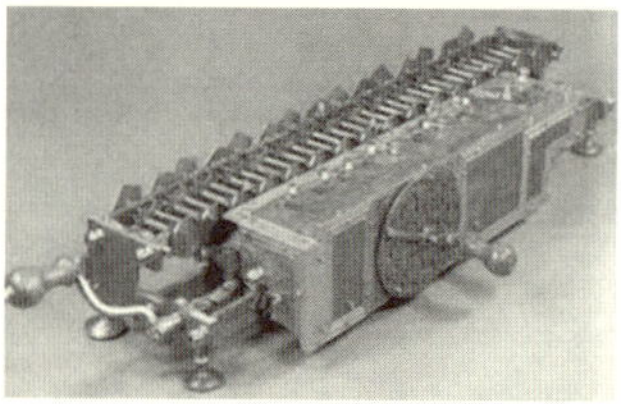

図11・2　微積分学の創始者として有名なライプニッツは、あらゆる思考を記号計算に還元することを目論んでいた。パスカルの計算機は基本的に加減算だけしかできなかったので、掛け算や割り算もできる計算機を開発した

英国式ソリティアの解法

さて、英国式ソリティアは十字形に33個の穴があり、初期配置は真ん中を除いて32個のペグが刺さっている（ライプニッツが常用したのはたぶんこれではなく、今日ヨーロッパ式と呼ばれるものだろう。後述）。英国式を図で表すと図11・3のようになる。

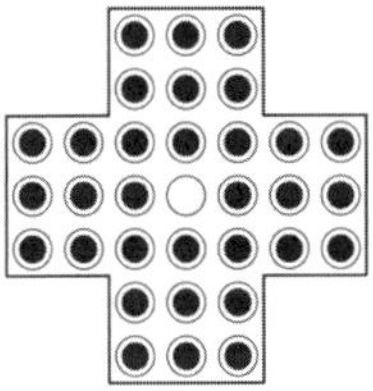

図11・3

この配置から、1つずつペグを移動する。移動するペグは上下左右の隣接するペグを1つだけ跳び越して、先の空いている穴に入る。そして、跳び越されたペグは盤から除外される。たとえば、図11・4のような動きが1ステップで行われる。

図11・4

移動（ジャンプ）できるペグはどれを移動してもよいが、移動できるペグがなくなったら、ゲームは終了である。そして、標準的な最終目的配置は、図11・5のように真ん中に1つだけペグを残すものである。

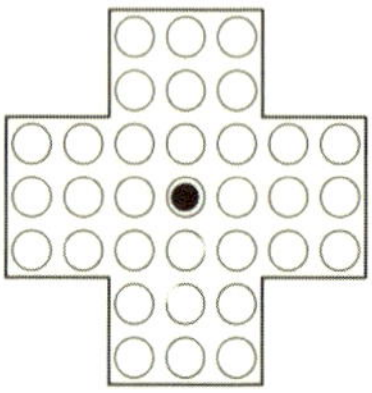

図11・5

一般にペグ・ソリティアの手数は、同じペグが連続してぴょんぴょんとジャンプする場合には、まとめて1手と数える。そして、総手数の短い解が美しいとされる。しかし、ここでは解の良し悪しは考慮しないので、1回のジャンプと1つのペグの排除を合わせて1手としておく。すると、目的配置までの必要手数が31手であることは明らかである。これはもちろん囲碁の勝負などに比べればはるかに短い手数であるが、それでもしらみつぶしに探索すると手順の数はざっと10^{20}にもなる。まあ場当たり式にはうまくいかないことは、実際やってみればすぐわかる。

そこで、巧妙な一連のペグの移動を「定石」として整理することが役に立つ。いろいろな定石があるが、ここでは1つだけ紹介する（図11・6）。

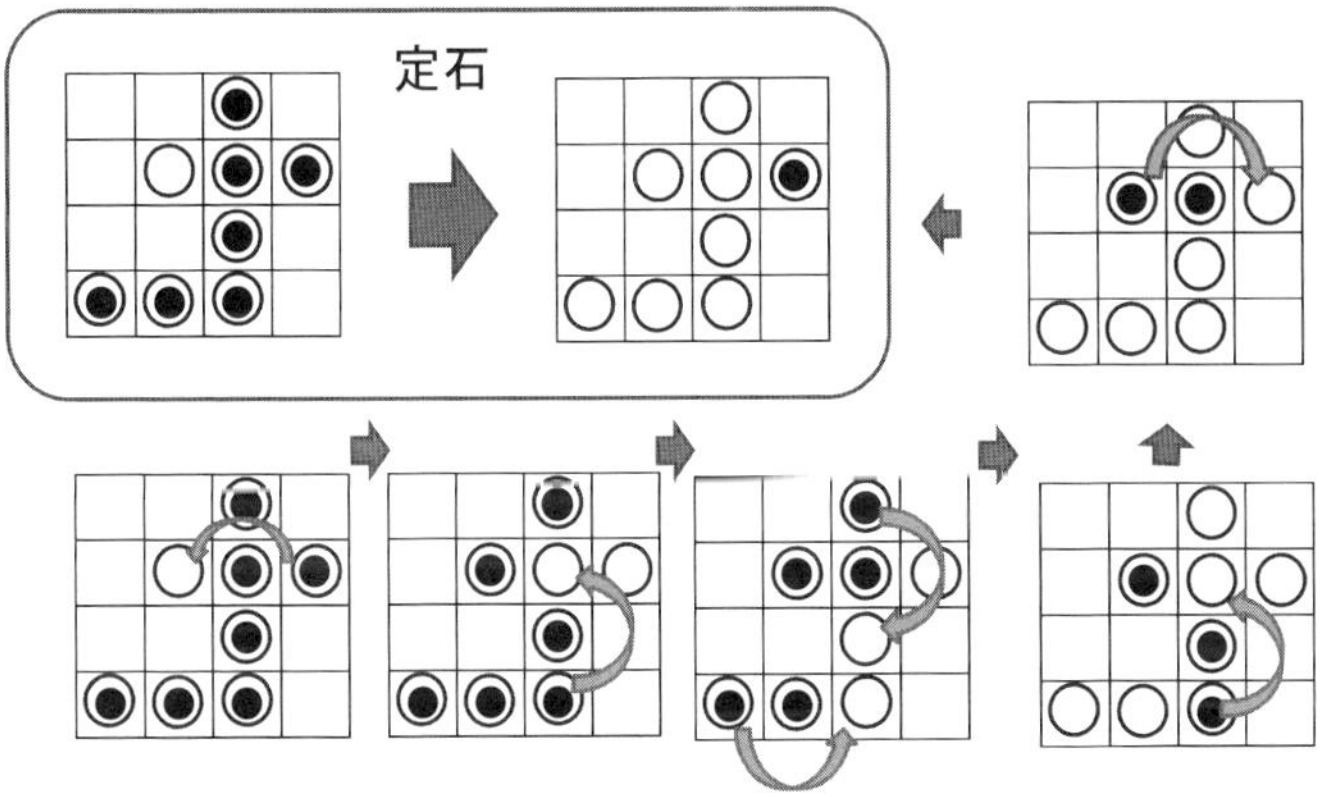

図 11・6　この定石は、逆 L 字形の 6 個のペグを（左の 1 つの穴と右 1 つのペグを触媒に用いて）消去する手順をひとまとめにしたものである

さて、この定石を使うと解けそうなことは、全体を図11・7のように逆L字形（+触媒ペグ）に分解してみれば想像できる。

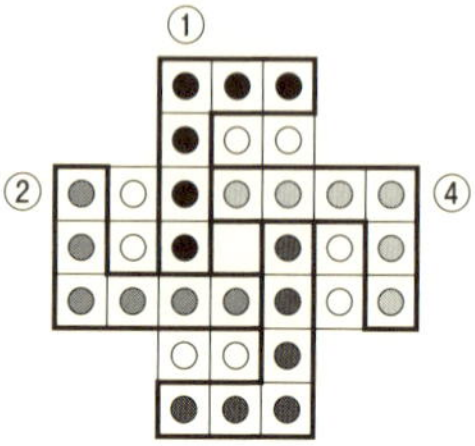

図11・7

以下説明のために、各穴に図11・8のように番号を付けておこう。

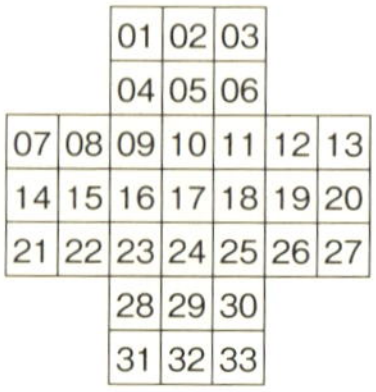

図11・8

さて解法だが、まず05のペグを17に移す。すると、10のペグが排除されるので、①のペグに定石が適用できる。そして、適用後は16が空になり、②の逆L字が消える。続いて、③にも定石が適応できる。これでかなりペグが排除され、残りは図11・9のようになるはずだ。しかし、これでは④がくずれていて、うまく先に進めない。

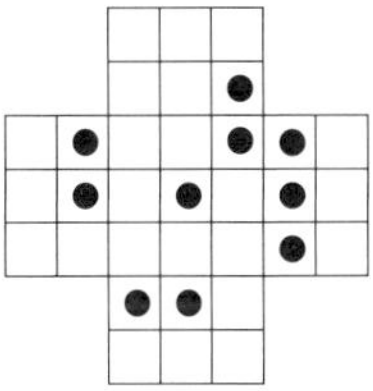

図11・9

そこで少し工夫が必要である。定石を1つ前で止めておくのだ（図11・10）。

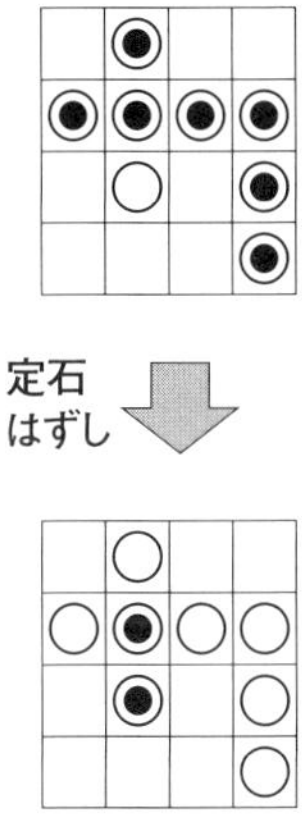

図11・10

右の定石と同様に、この「定石はずし」を今度は4回適用すると、図11・11のようになる。

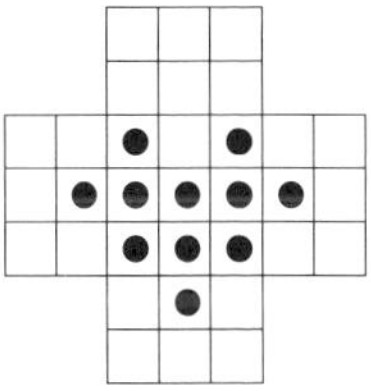

図11・11

【問題40】 図11・11をうまく移動して、1つのペグにせよ。

【解答】　まず、穴24のペグで4辺形を1周して、6つのペグを消す。つまり、24─26─12─10─08─22─24と移動させる。このとき、24─26─12─…─24は「24のペグを26に移動し、さらに12に移動し、…、24に移動させる」ことを表す。そして、T字形に残ったペグは17─15、29─17、18─16、15─17で1つになる。

初期配置からの動きを書いておくとつぎのようになる。

05─17、08─10、01─09、03─01、16─04、01─09、28─16、21─23、07─21、24─22、21─23、26─24、33─25、31─33、18─30、33─25、06─18、13─11、27─13、10─12、13─11、24─26─12─10─08─22─24、17─15、29─17、18─16、15─17。

もちろん、これが唯一の解でも、ベストの解でもないが、覚えやすい解である。

解ける問題と解けない問題

本題はこれからだ。英国式で、最後に残るペグの位置をどこにでもできるだろうかという問題だ。すでに示したように、31手目で最後のペグを真ん中にすることはできた。31手の直前で残っている2つのペグは、必ず真ん中の隣りとその隣りになる。たとえば、右の解法では、最後の手15─17を打つ前に2つのペグが15と16にあるはずだ。だから、15のペグを動かす代わりに16のペグを動かせば、最後のペグの位置は14になる。同じく、02、20、32の穴にもっていくこともできる。したがって、図11・12のように5つの位置のどれかにペグを残せることはわかる。

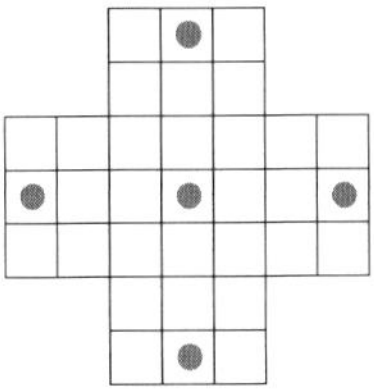
図11・12

それ以外の穴に最後の1つを残すことができるだろうか？　できないことをこれから示そう。まず各穴に、図11・13のようにx、y、zの3つの文字を割り振る。この割り振りのポイントは、直線に並ぶどの3連の穴も異なる3記号が振られていることである。いま、穴x、y、zにそれぞれa、b、c個のペグが刺さった状態を（a、b、c）で表す。すると、初期状態は（11、10、11）である。1

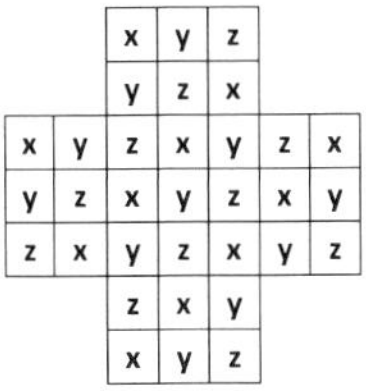

図11・13

手目の動作は4通りあるが、どれを実行しても、つぎの状態は（10、11、10）になることを確かめてほしい。そして、2手目の直後は（9、10、11）または（11、10、9）になっている。こうして状態を表す3つ組はつぎつぎと枝分かれしていくが、1手ごとに2要素が1減少、1要素が1増加するという法則が成り立っている。したがって、第1要素と第3要素の偶奇はつねに一致しており、第2要素の偶奇はそれと反対になる。それゆえ、最終状態として（1、0、0）や（0、0、1）はけっして起こり得ず、（0、1、0）のみ可能性がある。つまり、1つだけペグが残るのならその位置は穴yである。

では、どの穴yにも残すことが可能かというと、そうではない。3つの文字の割り振りを90度回転させれば（つまり、同じ文字が右上がりの対角線から右下がりの対角線になる）、たとえば穴04はyからzへ、穴08はyからxへ変わり、実現できない位置になる。結局、先の割り振りでも、変更した割り振りでも、yのままであるのは、すでに実現可能とわかっている5カ所のみであった。

ヨーロッパ式ソリティア

ヨーロッパ式のボードは、英国式より4つ穴が多くなる（図11・14）。この場合も、ペグを1つだけにできるだろうか？　答えは「いいえ」である。

それは、先ほどの3つの文字の割り当てを拡張して考えればすぐわかる（図11・15）。

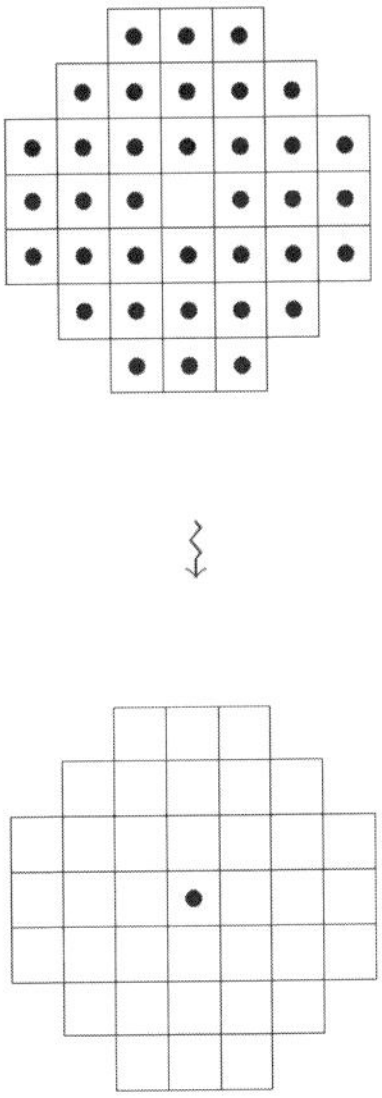

図 11・14

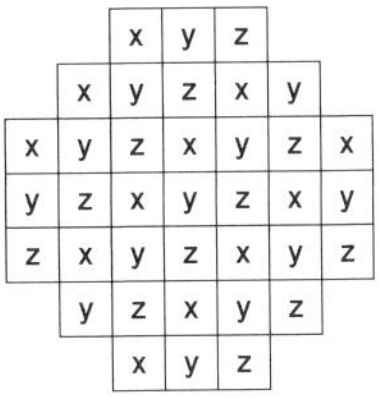

図 11・15

初期状態は真ん中のyだけ空にして（12、12、12）であり、1手ごとに2要素が1減少、1要素が1増加するという法則では、3つの要素の偶奇はつねに一致しており、（1、0、0）や（0、1、0）や（0、0、1）は達成不可能である。

この状況をもう少し一般化しておこう。あるペグの配置に対し、ペグが刺さっていないところにペグを刺し、ペグが刺さっているところにはペグを刺さない配置を「補配置」と呼ぶ。ヨーロッパ式ソリティアにおける図11・14（上）の初期配置と目的配置は、補配置の関係の1つである。右と同じ論法で、つぎのことが示せるので、考えてみてほしい。

命題　ヨーロッパ式ソリティア・ボードにおいては、どのような初期配置を選んでも、その補配置に到達する手順は存在しない。

最後に、ライプニッツの「逆ソリティア」について述べよう。このパズルでは、ペグが1つの穴を飛び越えて、別の穴に入ると、飛び越えた穴に新たなペグが現れる。つまり、図11・16のように1つペグが移動して2つのペグになる感じである。これを逆ジャンプと呼ぼう。

図11・16

ボードの種類によらず、初期配置から目的配置に通常のジャンプで到達することと、目的配置から逆ジャンプで初期配置に到達することとは同値である。逆ソリティアは難しいとライプニッツはいっているが、状況によっては必ずしもそうではない。たとえば、初期配置が単純で目的配置が複雑な場合、逆ソリティアに直して、スタートは複雑でもゴールの形を単純にした方が考えやすいということがある。また、ライプニッツははっきりと述べていないが、初期配置から目的配置への通常のジャンプでの移動を、補配置にして眺めると、逆ジャンプでの移動になっている。つまり、ある配置から目的配置へ通常のジャンプで移動可能かどうかは、その配置の補配置から目的配置の補配置へ逆ジャンプで移動可能かどうかと同値である。とすれば、初期配置から目的配置へ通常のジャンプで移動する途中で配置を補配置に反転させ、その後逆ジャンプを使って何手か進めて、また補配置に反転させてから通常のジャンプを使うといった高等テクニックも可能だ。

このような技法は、ソリティアを物理的なボードで眺めているよりも、置換パズルとみた方がわかりやすいかもしれない。また、このパズルは15パズルなどと同様に配置の数が限られているから、解の有無は明らかに決定可能である。とはいえ、実際には、解の有無の判定効率を上げる技や数理が求められる。興味のある方は参考文献(2)などを参照してほしい。

水汲み問題と逆推論

唐突に思えるかもしれないが、ここでつぎの問題を考えてほしい。なぜ、この問題が登場するかはあとでわかる。

【問題41】 9リットルの桶と4リットルの桶が1つずつある。池からちょうど6リットルの水を汲む方法を考えよ。

問題について少し補足しておこう。いま可能な操作は、以下の3つである。

① 1つの桶いっぱいに水を汲む。
② 1つの桶の水をすべて池に捨てる。
③ 1つの桶のすべての水、もしくは別の桶がいっぱいになるまでの水を別の桶に移す。

これらの操作を適当な順に実行して、9リットル桶に6リットルの水が入った状態をつくることができればゴールとなる。しかし、見通しなくいくつかの操作を実行していたら、すぐに同じ状態のくり返しになってしまうだろう。では、どうやって問題を解いたらいいか？

そこでG・ポリアの古典的名著『いかにして問題をとくか』[3]を開いてみれば、「逆向きにとく」方法というのがある。操作手順の違いによって生じる数多くの状態から本当に有用なものを探し出す作

戦として、ゴールから逆に考えることはしばしば有効になるようだ。これで逆ソリティアとの関係もみえてきたはずだ。ただ、私はこの有効性にはやや疑問を感じるところもあり、その検証の意味を含め、少しくわしい解答をみておきたい。

2つの桶の状態がどう変わるかを数学的にとらえてみよう。ある時点で、9リットルの桶と4リットルの桶に入っている水の量をそれぞれmリットル、nリットルとして、その状態を(m, n)で表すことにする。$0 \leqq m \leqq 9, 0 \leqq n \leqq 4$で、どちらも整数と考えてよいから、可能な状態の個数は$10 \times 5 =$ 50以下であることがわかる。また、初期状態は$(0, 0)$、最終状態は$(6, 0)$としてよいだろう。各状態を1つの頂点として、状態の遷移を有向辺で表したグラフをつくれば、この問題は初期状態の頂点から最終状態の頂点までの路を求める問題である。逆向きに考えて、最終状態から初期状態への路をみつけてもよいが、どちらがやさしいかはグラフの形によるだろう。これが第1の考察だ。

もし置換パズルとして扱うならば、操作をつぎのように形式化すればよい。

① $(m, n) \to (9, n)$ および $(m, n) \to (m, 4)$

② $(m, n) \to (0, n)$ および $(m, n) \to (m, 0)$

③ $m+n \leqq 9$ のとき $(m, n) \to (m+n, 0)$、そして $m+n>9$ のとき $(m, n) \to (9, m+n-9)$

$m+n \leqq 4$ のとき $(m, n) \to (0, m+n)$、そして $m+n>4$ のとき $(m, n) \to (m+n-4, 4)$

では、1つの解とともにポリアの説明を簡単に示しておく。

【解答】 9リットルの桶と4リットルの桶にそれぞれmリットル、nリットルの水が入った状態を(m, n)で表す。1つの解をあげれば、(0,0)→(9,0)→(5,4)→(5,0)→(1,4)→(1,0)→(0,1)→(9,1)→(6,4)→(6,0)である。

ポリアによれば、この解を求める発想はつぎの通りだ。逆から考えて、状態(6,0)をつくるためには、状態(0,1)もしくは(1,0)をつくることができればよいことがわかる。また同時に、正向きの試行錯誤でこれらに到達できることは予想しやすい。つまり、すべてを逆向きに考えよといっているわけではなく、両向きでアプローチするわけだ。もしすべて逆向きに解いていけば、つぎのようになるだろう。

9リットル	4リットル	
6	0	ゴール
6	4	
9	1	
0	1	
1	0	
1	4	
5	0	
5	4	
9	0	
0	0	スタート

ここで、状態（1,0）を有用な通過点だとする判断が難しい。たとえば、同じく逆向きに考えて状態（2,0）をつくることができればよいこともすぐにわかるが、正向きにそこに到達できることは予想しにくい。しかし、不可能ではないのだ。（0,4）→（4,0）→（4,4）→（8,0）→（8,4）→（9,3）→（0,3）→（3,0）→（3,4）→（7,0）→（7,4）→（9,2）→（0,2）→（2,0）である。

このようにポリアの逆向き解法については、どういう方法で何を中間地点に選ぶのか不明瞭なのだが、中間地点の候補をつぎつぎ選びながら路を調べるやり方は、計算の複雑さを抑えるための常套手段として種々のアルゴリズム設計において使われている。なお、ポリアは、ユークリッド以来の演繹的な「総合」幾何学に対して、発見的論証による「解析」の重要性を説くためにこの問題をとりあげているので、本書とはモチーフが異なることを断っておく。

さらに、二、三類題で逆向き（ないし両向き）の推論法をものにしていただこう。まずは、ブルース・ウィリス主演の人気アクション映画『ダイ・ハード3』に登場する問題である。テロリストが、警察をからかって出題したクイズの1つである。

【問題42】 5ガロンのポリ容器Aと3ガロンのポリ容器Bが1つずつある。噴水からちょうど4ガロンの水を汲む方法を考えよ。

【解答】 2つの容器A、Bにそれぞれmガロン、nガロンの水が入った状態を（m, n）で表す。前問と同じように逆から考えて、状態（4, 0）をつくるためには、状態（0, 1）ができればよいことがわかれば、あとは正向きに考えても簡単である。

5ガロン	3ガロン	
4	0	ゴール
1	3	
1	0	
0	1	
5	1	
3	3	
3	0	
0	3	
0	0	スタート

別解として、状態（0, 2）を途中につくる方法もある。（0, 0）→（5, 0）→（2, 3）→（2, 0）→（0, 2）→（5, 2）→（4, 3）→（4, 0）。

つぎは江戸初期の日本のベストセラー数学書『塵劫記』に登場する「油分け算」の問題である。

【問題43】　斗桶に油が1斗（＝10升）ある。これを7升ますと3升ますの2つだけで、5升ずつに等分せよ（『塵劫記』にはさまざまな写本があり、それぞれ挿絵も異なっていて面白い。東北大学の和算資料データベース（旧和算ポータル）では200種類以上の版がオンラインでみられる。そのなかからいくつかの挿絵を転載する）。

1643年版

1717年版

1779年版

1850年版

（右4つは東北大学附属図書館所蔵。）

【解答】 7升ます、3升ますにそれぞれm升、n升の油が入った状態を（m, n）で表す。解答の1つは、(0,0)→(0,3)→(3,0)→(3,3)→(6,0)→(6,3)→(7,2)→(0,2)→(2,0)→(2,3)→(5,0)。

ヨーロッパでは、同様の問題がワインを分ける問題として13世紀頃から知られていた。16世紀のフランスの数学者C・G・バシェーは、ワイン分けの問題を1次不定方程式の可解性の判定問題とみなし、2つの自然数a、bが互いに素（共約数は1のみ）のときは、$ax+by=c$を満たす整数x, yが必ず存在することを証明した。たとえば、$3x+7y=5$は$(x, y)=(-3, 2)$や$(4, -1)$などの解をもつ。この事実を油分け算で解釈すれば、$(4, -1)$は3升ますで4回汲んで7升ますで1回戻すこと、$(-3, 2)$は7升ますで2回汲んで3升ますで3回戻すことに対応する。先の解答に示した解は、前者に対応する。

最後に述べておきたいことは、自然数a、bが互いに素でないときには、方程式は解けない場合があること。たとえば、上の問題で7升ますの代わりに6升ますを使ったら5升を汲み出すことはできない。（なぜか？）

（1） Miscellanea Berolinensia, 1710, pp. 22-26.
（2） 秋山仁・中村義作『ゲームにひそむ数理――ゲームでみがこう!! 数学的センス』（森北出版、一九九八）。E. R. Berlekamp, J. H. Conway, and R. K. Guy, *Winning Ways for Mathematical Plays* (2nd Edition, vol.4), (AK Peters, 2004).
（3） G・ポリア、柿内信訳『いかにして問題をとくか』（丸善、一九五四、原著、一九四五）。

⓬
対話ゲームと不可能パズル

帽子ゲームをはじめ、プレイヤーたちの対話によって得られる情報をもとに解くパズルはすでにいろいろみてきたが、本章で扱う対話ゲームはさらに高度な分析が要求される超難解パズルだ。ほとんど手掛かりが与えられておらず、解決不可能にみえるので、「不可能パズル」とも呼ばれる。この章では、そのような超難解パズル2題に加えて、難易度最高の「ウソつきと正直者」パズルを紹介する。また、最終章でもあるから、これらとも多少関連するチューリングのもう1つの重大発見「イミテーション・ゲーム」についてもふれてみたい。これはパズルではないが、対話ゲームの特徴を知るために、そしてまたチューリングの考え方を知るためにも必須のものだ。

不可能パズル

最初のパズルは、もともとはオランダの数学者H・フロイデンタールの作で「和積問題」という名で知られていたが、数学パズルの巨匠M・ガードナーが自らの雑誌コラムで「不可能」な問題として取り上げ、世界中に広まった(1)。

【問題44】 和田君と積山さんが、2つの自然数について話し合っている。和田君は2つの数の和を知っており、積山さんは2つの数の積を知っている。2人の会話はつぎのようなものだ。

積山発言1：私には、2つの数が何かわからないわ。

和田発言1：当然そのはずだよ。
積山発言2：じゃあ、2つの数がわかったわ。
和田発言2：それなら、僕もわかった。
この会話から、2つの数が何かを当てよ。ただし、どちらの数も1よりも大きく、和は100未満であり、2人ともそのことを知っているものとする。

附言すると、和田発言1は「和田のもつ情報だけから考えて、積山が2つの数を判定できる状況は起こり得ない」という意味である。ともあれ、問題文中には2つの数について何ら具体的情報が与えられていないのだが、2つの数は一意に定まる。だから、不可能問題なのである。

解答は長い。自信があれば、ここで本書を閉じて考えていただきたいが、難しそうなら少し解答をみて方針が得られたところで閉じるといいと思う。

【解答】 2つの自然数を x と y とする。さらに、2数の和（sum）を S、積（product）を P と置く。最初に、S と P が両方わかれば、2数 x、y は計算で求まるという事実に注意しておこう。それには2次方程式 $x^2-Sx+P=0$ を解けばよいのだが、実際に計算することはないのでご安心を。では、会話を分析していこう。

積山発言1の分析。積$P=xy$がわかっていて、それぞれの数がわからないということは、少なくともxとyの一方は素数でないことがわかる。たとえば、3・5なら3と5に分けるしかないが、4・5は4と5の他に2と10の分け方もあるので、2つの数は定まらない。また、和が100未満という条件があるため、$P=4\cdot53$のように50以上の素因数（この場合53）をもつ場合は、2と106のように分けられないので、2数が自動的に決定する。

和田発言1の分析。和田は積山発言1の内容をすでに予測している。つまり、和Sが2つの素数の和になり得ないことが推論できるのだ。たとえば、Sが8の場合は2つの素数3と5の和になっていて、Pが3・5の場合に積山は2つの数が予想できてしまうから、不適合だ。和を分解する仕方は、積を分解する仕方よりずっと多いが、その中に1つでも2つの素数の和になるものがあれば、「当然そのはずだ」という発言にはならない。

さらに、和が100未満という条件から、それが55以上でないこともわかる。なぜなら、55以上の数は$53+n$（$n\geqq2$）と書けるが、積$53n$を2つの因数に分けた場合、一方は53か106以上になるので、和を100未満にする組み合わせは、53とnで一意に決まる。

以上のことから、Sの候補は、素数の和になるものと55以上の数を除いて、つぎの11個に絞られる。

11、17、23、27、29、35、37、41、47、51、53。

これらの集合をAとおこう。Aの要素はすべて奇数であることに注目しておく。

積山発言2の分析。積Pから2数xとyがただ一通りに定まるのは、考えられる$x+y$の組み合わせの1つだけがAの要素になるからである。ここで、もし$P=2^m \cdot q$（$m \geqq 2$, qは3以上の素数）の形であれば、これを$x=2^{m-k}$, $y=2^k \cdot q$（$k \geqq 1$）のように分解すると、和Sは偶数になってAから外れる。したがって、$P=28$ならば、$x=2$, $y=14$という分解はあり得ず、$x=4$, $y=7$であると判定できる。積Pがこの形になるのは十分条件であり、必要条件ではない。

和田発言2の分析。和Sから2数xとyを決定するためには、（右のように）一意に分解される積が2通り生じないことが必要である。したがって、2^m+q（$m \geqq 2$, qは3以上の素数）の形で2通り以上に表せる和Sは候補から外れる。それらは、つぎの7個である。

$$11 = 4 + 7 = 8 + 3$$
$$23 = 4 + 19 = 16 + 7$$
$$27 = 4 + 23 = 8 + 19$$
$$35 = 4 + 31 = 16 + 19$$
$$37 = 8 + 29 = 32 + 5$$
$$47 = 4 + 43 = 16 + 31$$
$$51 = 4 + 47 = 8 + 43$$

これらをAから除くと、17、29、41、53の4個に絞られる。さらに、17以外は、2^m+qの類似形で、

その積はやはり一意に分解されるようなものに2通りで表せる。すなわち、

$$29 = 2 + 27 = 16 + 13$$

$$41 = 4 + 37 = 16 + 25$$

$$53 = 16 + 37 = 32 + 21$$

たとえば、和 $29=2+27$ の場合、積 $P=2\cdot 27$ の分解の他候補として $x=6, y=9$ と $x=18, y=3$ があるが、それぞれ和は15、21だからAには属しておらず、$P=2\cdot 27$ から積山は2数を決定することができる。

最後に残されたSの候補は17である。そして、実際に $x=4, y=13, P=52$ が右の会話を正しく成り立たせていることを確かめてほしい。

ところで、ガードナーはこの問題を少し簡単にしようと、2つの数はそれぞれ20以下であるという仮定を加えた。しかし、こう制限してしまうと、解の $P=52$ は $2\cdot 26$ とは分解できなくなるので、最初から積山は2数を決定でき、解がなくなってしまう。読者に誤りを指摘されたガードナーは、自分の出題は文字通り不可能（literally impossible）であったと述べた。

帽子の数字当て

帽子の数字当てに関する不可能パズルである。

【問題45】 囚人A、B、Cに帽子がかぶせられ、それぞれの帽子に正の整数が書かれている。もちろん、自分で自分の数字はみえず、他の2人の数字はみえる。看守がこういった。「誰か1人でも自分の帽子の数字を正しく推理できたら、全員を釈放しよう。しかし、もし誰かが間違った答えをいうか、「わからない」という返事を1人が2度くり返したら、全員処刑だ。1つだけヒントをやろう。2人の数字の和がちょうどもう1人の数字になっている。どうだ、誰かわかったか?」。Aは「わからない」と答えた。続いて、BもCも「わからない」と答えた。これでみんな絶望かと思ったとき、Aは「50だ」と答えた。それは正解であった。では、BとCの帽子の数字が何で、Aがどう推理したか述べよ(解答は217ページ)。

この問題は英国の『サンデー・タイムズ』誌の折り込み冊子に載ったのが最初らしい。サンデー・タイムズ誌の問題を集めた本が、*Brain Teasers Book 2* として出ている。

もっとも難しいパズルよりも難しいパズル

論理パズルの定番に「ウソつきと正直者」の問題がある。ウソつきか正直者かわからない相手に質問して、意味ある情報を引き出すのが目的だ。この種のパズルは、これまで扱ってきた数学パズルとちょっと違った論理のセンスを必要とする。これはけっして厳密な論理だけでは解けない。たとえば、あなたが1回だけ質問できる状況で、「Aと質問したら、Bと答えるか？」という質問Cをしたとしよう。質問Cを受けた相手は、同時に質問Aも受ける状況を合理的に想定できるだろうか？　できるともできないともいえると思うのだが、その判断をする基準が明確でない。逆にいえば、このパズルは自分でルールの細部を決められるのが面白味かもしれない。そういう遊びがあるからこそ、さまざまな脚色も可能で、つぎつぎと新しいバージョンが生まれている。そこで、最後はこのジャンルから「もっとも難しいパズルより難しい」とされる最新パズルを紹介しよう。

「もっとも難しいパズル」は、論理学者のG・ブーロスが一九九六年に紹介したもので、ウソつきと正直者の他に、デタラメに応える気まぐれ屋が加わり、さらに3人は「ダ」と「ジャ」というどちらが「はい」か「いいえ」かわからない返事をするというものだった。そのあと哲学者G・ウスキアーノが、さらに難しい問題を創作した。3人は返事をしなくてもいいことにしたのだ。

では、「「もっとも難しい論理パズル」より難しいパズル」を少しアレンジして紹介しよう。

【問題46】謎のK島にはサルの3兄弟が住んでいる。正直者のヤン坊、うそつきのニン坊、気まぐれ屋のトン坊だ。(2) 彼らは人間の言葉を聞いて理解することはできるが、話すことはできない。ただ「ウー」と「キー」の2つの声を使って「はい」か「いいえ」の返答をする。でも、慣れないあなたはまだどちらがどちらの返事かわからない。ここであなたに与えられた課題は、たかだか3つの質問で、

3匹の誰が誰かを判定することだ。各質問は1匹だけを相手にして行うが、同じサルに2問尋ねてもよい。それぞれのサルの性格を述べておこう。ヤン坊は真偽がわかる質問には正しく応え、答えがわからないときは沈黙する。ニン坊もわからない質問には沈黙するが、わかる質問は真偽を反転して応える。トン坊はどう答えるか、あるいは沈黙するか誰も予測できない。3匹は互いに相手が誰でどんな性格かをよく知っている。さて、この状況で3匹の判定はできるか?

【解答】 典型的な質問として、「私がお前に「Xは正直者（ヤン坊）か」と尋ねたら、お前は「ウー」と答えるか?」を考え、これをQ（X）で表そう。もしも、XとYが正直者かウソつきであれば、Xに質問Q（Y）をすると、Xがヤン坊なら答えは「ウー」、ニン坊なら「キー」になるはずだ。あまり考え過ぎずに、場合分けの表で確認していただくとよい。したがって、あと2問を使って、誰がトン坊かを見つけだせばよい。

では、Yが気まぐれ屋の場合に、同じ質問Q（Y）をXにしたらどうなるか？　Xが正直者でもウソつきでも沈黙するしかないだろう。この考え方でトン坊を見つけだしていける。具体的には、つぎのようにする。まず3匹のサルを、A、B、Cとしておく。

1　Aに質問Q（B）をして、何か返事があった場合。まず、Bはトン坊ではないことがわかる。続けて、Bに質問Q（C）して返答があれば、Cもトン坊ではないから、Aがトン坊である。もし返事がなければ、Bは正直者かウソつきだから、答えがわからないのは、Cはトン坊だからだ。

2　Aに質問Q（B）をして、返事がなかった場合。まず、AかBがトン坊であることがわかる。つぎにCに質問Q（A）して、返答があれば、Aはトン坊ではない。よって、Bがトン坊である。もしCから返答がなければ、Cは正直者かウソつきだから、答えがわからないのは、Aはトン坊だからだ。

以上で、トン坊が誰かは2問で判明した。附言すれば、上記の質問ですでにヤン坊とニン坊も判定できている場合があるが、つねに2問で全員を確定させることはできないことも証明ずみである。もっと難しいパズルもそのうち現れるだろう。

イミテーション（模倣）・ゲーム

第二次世界大戦が終わって、暗号解読の任務を解かれたチューリングは、まずロンドンの国立物理学研究所（NPL）、それからマンチェスター大学で電子計算機の開発に従事するようになる。まだ実用的な計算機が完成しないこの時期から、彼は「20世紀の終わりには機械が考えることについて自然に議論できるようになるだろう」と予測し、どういう状況が達成できたら機械が考えるかといえるかという大胆な問題を提起し、一九五〇年に哲学雑誌『マインド』に自分の考えを発表した[3]。

しかし、「考える」という言葉の意味があまりに茫漠としていると思ったチューリングは直接それについて議論しないで、ゲーム形式で間接的に扱うことを案出した。それが今日「チューリング・テスト」と呼ばれるものだ。まず導入として、「イミテーション・ゲーム」と呼ばれるパーティ・ゲームが紹介されている。

このゲームの参加者はA（男性）、B（女性）と質問者C（性別はどちらでもよい）で、質問者CはA、Bと隔離された部屋にいて、2人と電子メールのやりとりをする。その際AもBも自分が女性であるように振る舞うが、Cはそのうち1人が男であることを知っている。Cの目的は、メールのやりとりから2人のどちらが本物の女性であるかを当てることである。このとき、Bは質問者を助けるように正直に受け答え、AはCに誤った判断をさせるように振る舞うことが予想される。そこで、たとえば「私は正直な女です。あちらの男にだまされてはいけません」といった返事がCにかえってきても、それは判断の助けにならない（図12・1）。

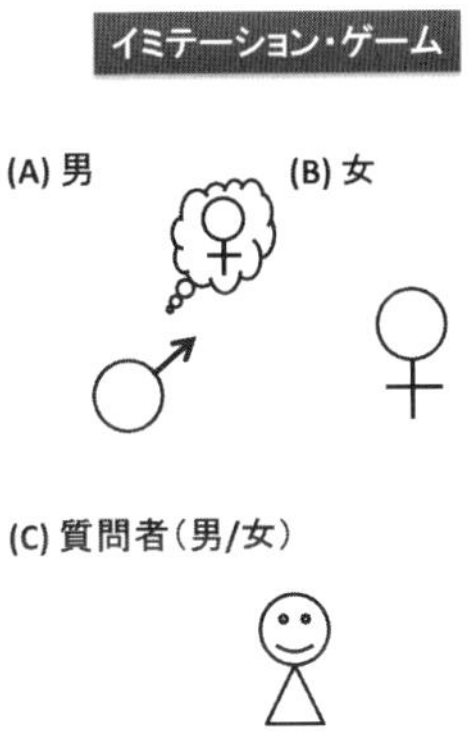

図12・1

「チューリング・テスト」は、このゲームのAとBを、計算機と人に置き替えて、どちらが人でどちらが機械であるかを判定するものだ。これを述べる前にもう少し男女のイミテーション・ゲームについて考察しておかなければならない。というのは、チューリングのテストによる合格基準は、性別当ての正答率を参考に決めるかのように書かれてあるからだ[4]。それにしては、イミテーション・ゲームの設定はかなり曖昧だ。たとえば、チューリングは質問者の性別はどちらでもよいとしているが、女性であることを当てるなら質問者も女性にした方が的確な質問をしやすいのではないか。また、A、B、Cの年齢、社会的立場、文化的背景などの差が広がれば性別も当てにくくなると思うのだが、そういうファクターを度外視したままでよいのだろうか。そもそもAが女性を演じるにしても、Bをまねる必要はなく、2人が一緒にいる意味も定かでないので、何が模倣されているのかわからない。

以上をふまえた上で、「チューリング・テスト」をみてみよう。まずA（機械）、B（人）とする。もし人に機械のように振る舞うことを要求したら、遅くて不正確な計算しかできないからすぐに正体がばれてしまう[5]ので、機械当てゲームは成立しないはずだ。そこで、2人（1人＋1台）ともが人のように振る舞うことにするのは当然だ。他方、質問者Cは人でも機械でもよいはずだが、チューリングはCが人である場合しか考えていない[6]（図12・2（上））。しかし最近では、質問者を機械として、人間が「機械でないこと」をチェックする「逆チューリング・テスト」の実用化が進んでいる。

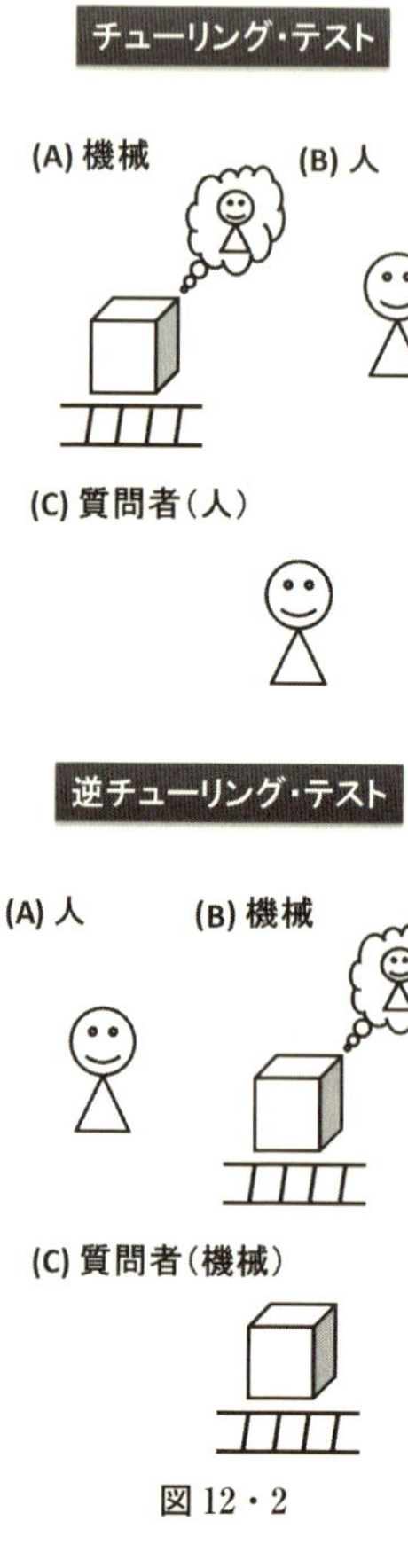

図12・2

チューリングは20世紀末には機械が人と区別できない応対をするようになるかもしれないと考えていたが、21世紀の今日でも機械はさまざまな面で人間のもつ能力を欠き、そのことは機械によってもある程度判別できる。たとえば、インターネットのサイトを閲覧していると、図12・3のような歪んだ文字列を読み取るように指示されることがあるだろう。

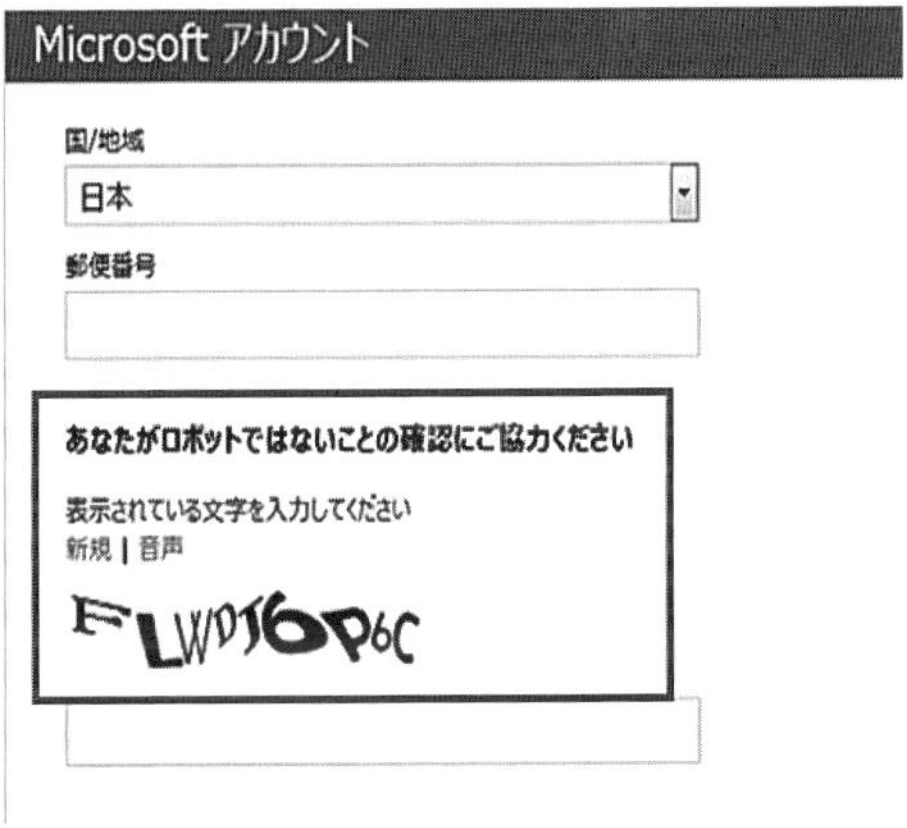

図 12・3

これはキャプチャ（CAPTCHA）[7]といって、「逆チューリング・テスト」の代表例である。

このような個別の逆チューリング・テストに対しては、うまく解答する機械を開発することは簡単にできる。それなら、より強力な、あるいはまったく新しい逆チューリング・テストで対抗したらどうだろうか。じつはこうして逆チューリング・テストを改良していくというのは、質問者が人間だからできることで、これがまさにチューリング・テストである。他方、チューリングは、機械も学習や帰納的推論が可能であると主張している。そうなれば、機械は人を模倣しなくても、自らの失敗に学んでテストにパスできるかもしれない。これでもはやイミテーション・ゲームは意味をなさないだろう。

最後は、学生時代にアメリカで観たSF映画『ブレードランナー』（原作『アンドロイドは電気羊の夢を見るか?』）の話で締め括ろう。この映画では、人と機械（レプリカント）を区別する方法として、感情移入の度合いを計測する装置を使っていた。これは瞳孔の動きの物理的な計測によっているので、チューリングの目指す知性の判定とは相容れないものだが、感情移入という他者との関わりこそが人の本質と考える点は無視できない。チューリング・テストでは被験者A、Bの関係の分析が何もないが、2人の対話が知性の判定に活かされるようなテストがあってもよいだろう。それをつくるヒントは、本書のパズルの中にもあるかもしれない。

【問題45の解答】 囚人A、B、Cの帽子の数字がa、b、cである状態を（a、b、c）で表す。まず、Aの立場で考える。自分の帽子の数字は、他の2人の数字の和であるか2人の数字の差である。帽子の数字は0以下にはならないので、もし他の2人の数字が一致していれば、必ず和になるので、自分の数字がわかる。しかし、「わからない」と返事をしているので、（$2k$、k、k）ではないことは推論できる。以下、kは任意の正整数を表す。

つぎに、Bの立場で考える。Aと同じく「わからない」と返事したので、（k、$2k$、k）ではない。だが、この返事から推論できるのはこれだけではない。すでに（$2k$、k、k）でないことがわかっているから、（$2k$、$3k$、k）でないことも推論できるのだ。これは（$2k$、□、k）からただ1つに定まるからである。

そして、Cも「わからない」と返事したので、まず（k、k、$2k$）ではない。（$2k$、k、k）でないことから（$2k$、k、$3k$）でないことと、（k、$2k$、k）でないことから（k、$2k$、$3k$）でないこと、（$2k$、$3k$、k）でないことから（$2k$、$3k$、$5k$）でないことも推論できる。以上から、（$2k$、k、k）、（k、$2k$、k）、（$2k$、$3k$、k）、（k、k、$2k$）、（$2k$、k、$3k$）、（k、$2k$、$3k$）、（$2k$、$3k$、$5k$）の7つの形が排除された。kは任意の正整数であることに注意する。

最後に、右の7つの形の状況を排除したことによってAの数字が一意に定まるようになる状況をリストアップする。ただし、（$2k$、k、k）と相補関係の状況はない。

（k、$2k$、k）でないから、（$3k$、$2k$、k）でAは正答できる。

（$2k$、$3k$、k）でないから、（$4k$、$3k$、k）でAは正答できる。

（k、k、$2k$）でないから、（$3k$、k、$2k$）でAは正答できる。

（$2k$、k、$3k$）でないから、（$4k$、k、$3k$）でAは正答できる。

（k、$2k$、$3k$）でないから、（$5k$、$2k$、$3k$）でAは正答できる。

（$2k$、$3k$、$5k$）でないから、（$8k$、$3k$、$5k$）でAは正答できる。


しかも、Aは50と答えているので、各数が整数であることを考えると、（$5k$、$2k$、$3k$）、つまり（50、20、30）が唯一の解である。

（1）ジュリアン・ハヴィル、松浦俊輔訳『世界でもっとも奇妙な数学パズル』（青土社、二〇〇九）の第3章「不可能な問題」にも歴史的な説明があるので、比較して読んでいただくとよいと思う。
（2）一九五〇年代のNHKの人気ラジオ・ドラマ『ヤン坊・ニン坊・トン坊』のキャラクターとは関係ない。
（3）訳文はつぎの本にある。西垣通編『思想としてのパソコン』第2章「コンピュータと知能」（NTT出版、一九九七）、D・R・ホフスタッター、D・C・デネット、坂本百大『マインズ・アイ――コンピュータ時代の「心」と「私」』第4章「計算機械と知能」（阪急コミュニケーションズ、新装版、一九九二）など。
（4）第1節の最後。
（5）第2節の最後。

（6）第5節の最後の方に少し紛らわしい説明があるので注意。
（7）「Completely Automated Public Turing Test To Tell Computers and Humans Apart（コンピュータと人間を区別するための完全自動化された公開チューリング・テスト）」の略。

おわりに

前作『ゲーデルに挑む——証明不可能なことの証明』から1年半。再び東京大学出版会のご厚意で、本書を世に送ることができ、たいへん幸せに思う。

じつは、前作の原稿は東日本大震災の前にほとんど書かれていたので、震災後書き下ろしたのは本書が初めてとなる。あの震災がなければ、この本も前作に近い書き方になっていたかもしれないが、仙台での震災体験とその後の環境変化は、自分の生き方や考え方に大きな影響を及ぼさないわけにはいかなかった。続編として学術的なものを期待された読者には申し訳ないが、今回はまったく系統の異なる本になっている。

これまでは、研究者の気負いで、ひとつの芸術作品を創作するような気構えで本を書いていたが、今回は作品の完成度より、自分の体験やいま自分が面白いと思うことを伝えて、読者に共感してもらうことを優先にした。たとえば文献をよく調べて、類似パズルなどを徹底的に分析すればもっと完成

度の高い本もできるだろうが、そうなると私自身の「想い」が引っ込んでしまう気がするのであえてその辺は抑えている。といって、想うがまま、安易に書いたものでないことはわかっていただけると思う。

「はじめに」にも述べたように、本書のもとになったのは、ここ数年間に私が高校への出前授業や教員研修で行った講演の記録やスライドである。その際には、学外のいろいろな組織や参加者の応援をいただいた。お一人お一人にお礼を申し上げるスペースがないため、ここで一言だけ感謝の意を表しておきたい。また、研究室の研究員や大学院生たちにはいつも私の話相手になってもらったり、原稿を読んでコメントをもらったりして助けられている。これもみんな一緒で申し訳ないが、心より感謝している。研究室のアシスタント朴尹華さんは、私の講演の資料集めからスライドづくり、そしてさまざまなバージョンの原稿手直しにも多大な協力をいただき、ありがたく思っている。彼女がいなければ、何カ月も作業が遅れていたにちがいない。

それから、前作以上に重要になったのが、藤村まりこさんのイラストだ。藤村さんは、私の草稿から得たインスピレーションをつぎつぎ絵にされていて、それをみた私が逆に原稿を手直しすることも幾度もあった。ここに収録されたイラストの枚数だけでもすごい数だが、収録できなかった作品も他にたくさんあって、そのうち個展でも開いていただけないかと思う。また、藤村さんと私を二頭立てにして、手綱を引っ張ってくれたのが編集者の丹内利香さんである。今回もこうしてゴールに辿り着けたのは、彼女の熱意と技量の賜物である。もちろん本書に何か不備があれば私の責任だが、皆さんのご尽力なしにはけっして1つの作品には仕上がらなかっただろう。

最後に、読者諸兄はもとより、最近は書店関係の方からもご声援をいただき、感謝に堪えない。

東北楽天ゴールデンイーグルス

二〇一三年日本シリーズ優勝の日に

仙台にて　筆者

1011001010101

チューリングと超《メタ》パズル　解ける問題と解けない問題

2013年11月29日　初　版

[検印廃止]

著　者　田中一之
発行所　一般財団法人　東京大学出版会
代表者　渡辺　浩
153-0041 東京都目黒区駒場 4-5-29
電話 03-6407-1069　Fax 03-6407-1991
振替 00160-6-59964
印刷所　株式会社精興社
製本所　矢嶋製本株式会社

ISBN 978-4-13-063901-9　Printed in Japan

著者について

田中一之（たなか・かずゆき）

1955 年　東京に生まれる．
　　　　カリフォルニア大学バークレー校博士課程修了．
現　在　東北大学大学院理学系研究科教授．Ph. D.
主要著書　『数学基礎論講義』（編著，日本評論社，1997），
『逆数学と 2 階算術』（河合文化教育研究所，1997），
『数の体系と超準モデル』（裳華房，2002），
『数学のロジックと集合論』（共著，培風館，2003），
『ゲーデルと 20 世紀の論理学』（全 4 巻）
（編著，東京大学出版会，2006-2007），
『ゲーデルの定理 ── 利用と誤用の不完全ガイド』
（訳，みすず書房，2011），
『ゲーデルに挑む ── 証明不可能なことの証明』
（東京大学出版会，2012）ほか．

索　引

（イタリックの数字は付録のページを表す）

タ　行

ナ　行

ハ　行

マ　行

ヤ　行

ラ　行

ワ　行

解ける問題と解けない問題[1]

訳者序

この文章は，チューリングが不審死を遂げた年に発表された彼の最後の作品「解ける問題と解けない問題（Solvable and Unsolvable Problems）」の全訳である．原論文は，必ずしも時間をかけて推敲を重ねたものではないようだ．章立てもなく，「はじめに」などの見出しは，訳者が読みやすさのために挿入した．訳註については，チューリング全集（1992年）の中の『機械知能（Mechanical Intelligence）』と『純粋数学（Pure Mathematics）』の両巻（原論文が重複収録されている），およびB. J. コープランド編著『チューリング要集（The Essential Turing）』（オックスフォード大学出版会，2004）における解説やコメントを参考にして作成した．また，原論文のタイプ原稿の一部が残されており，チューリング・デジタル・アーカイブ[2]で公開されているので，それとも照合した．

なお，本訳文は，『現代思想2012年11月臨時増刊号　総特集チューリング』（青土社）に掲載された拙訳（pp. 40–57）をベースに誤植訂正のみならず読みやすさのための修正を随所で行った改訂版である．

1 （訳註）この記事はペンギン社発行の『サイエンス・ニュース』31号（1954年）の7–23頁目に掲載された．

2 http://www.turingarchive.org/

はじめに

出されたパズルが難しくてどうしても解けなかったら，これは本当に解けるの？と出題者に尋ねてみたくなるだろう．どんな手が許されるのかルールがきちんと定まっているなら，答えはきっと「はい」か「いいえ」かになるはずだ．もちろん，出題者だってその答えを知らないこともあるだろう．では同じように，「任意のパズルが解けるか解けないかをどうやって判定できるか？」と問うてみよう．これはなかなか答えられない．実際のところ，パズルが解けるか解けないかがわかるような組織的[3]判定法はないのだ．これが，どんなパズルにも適用できる判定法がまだ発見されていないという意味なら，まったくその通りで，あえていうには及ばない．そのような判定法を発明するというのは大仕事だろうから，まだできていなくても別に不思議はない．しかしながら，その判定方法は，これまでに発見されていないというだけではなくて，けっして発見されえないことがすでに証明されているのだ．

スライド・パズル

抽象論から少し離れて，具体的なパズルについて考えてみよう．ここ数年よく売られていて，ほとんどの読者が目にしたことがあるはずのあのパズル[4]が，いろいろ混み入った点をうまく浮き彫りにしてくれる．正方形の枠の中に 1 から 15 の数字が書かれた移動可能な正方形の小ピースが置かれていて，1 カ所だけは空マスになっている．その空マスに接しているピースは空マスの場所にスライドすることがで

3 （訳註）Systematic を「組織的」と訳した．現代的には「機械的」とか「アルゴリズム的」などの表現の方がわかりやすいであろう．

4 （訳註）通常「15 パズル」と呼ばれる．

き，スライドさせたピースがあった場所に新たな空マスが生まれる．このようにして空マスへのスライドを連続させて，初期配置を別のものに並べ替えることが与えられた課題だ．このパズルには，求められた並べ替えが可能かどうかを判定できるようなシンプルでとても実用的な方法[5]がある．その説明の前にまず，ルールを変えて実行される並べ替えについて考えよう．空マスにピースをスライドさせることに加えて，2回の互換，つまり2つのピースの入れ替えを2回続けて行えるものとする．たとえば，4と7のピースの入れ替えと，3と5の入れ替えの組が一手で行える．また両方のペアで同じ数字を使うことも許される．すると，1を2に，2を3に，3を1に置き換えてもよいことになる．なぜなら，それは（1，2）の互換のあと（1，3）の互換を行うのと同じだからである．もとのパズルがこの新しいルールによって解けるならば，スライドによっても解ける．もしもインチキして，新しいルールにピースの互換を1回だけ加えて最終配置に到達できたのなら，それはスライドによっては解けない[6]．いま，つぎの左図の配置を右の標準配置に戻すようにいわれたとしよう．

5（訳註）原語の rule（ルール）は，機械的な操作の集まりを意味する．ゲームの規則も，判定手続きも同じく「ルール」と呼ばれているが，訳文では適宜区別する．

6（原註）この法則を証明することはわれわれの主目的からかなり外れてしまうだろう．だが，奇数回の互換ではけっして配置をもとに戻すことができないという事実を使えば，これを証明することは難しくないはずである．

10	1	4	5
9	2	6	8
11	3		15
13	14	7	12

1	2	3	4
5	6	7	8
9	10	11	12
13	14	15	

変更後のルールに従って，まず 15 と 12 のピースをスライドさせることで空マスを正しい位置に置き，それから 1，2，3，……のピースを順次（1，10)，(2，10)，(3，4)，(4，5)，(5，9)，(6，10)，(7，10)，(9，11)，(10，11)，(11，15）という互換によって正しい位置に置けばよい．8，12，13，14，15 のピースは順番がきたときにはすでに正しい位置にあることがわかる．必要な互換の回数は偶数なので，この並べ替えはスライドによっても可能である[7]．もしこのあと 14 と 15 のピースを交換するようにいわれても，それは不可能である．

このパズルについての理論的説明は至極納得のいくものに思える．それは，任意の 2 つの配置に対して一方から他方へとピースを動かせるかどうかを判定するためのシンプルな方法を与えてくれる．この判定法は十分満足できるものである．というのは，それを適用するのにそれほど時間がかからないからである．どんな問題であれ，膨大な計

7 （原註）実際につぎの順番にピースをスライドさせると並べ替えは成功する．7，14，13，11，9，10，1，2，3，7，15，8，5，4，6，3，10，1，2，6，3，10，6，2，1，6，7，15，8，5，10，8，5，10，8，7，6，9，15，5，10，8，7，6，5，15，9，5，6，7，8，12，14，13，15，10，13，15，11，9，10，11，15，13，12，14，13，15，9，10，11，12，14，13，15，14，13，15，14，13，12，11，10，9，13，14，15，12，11，10，9，13，14，15．（訳註）上の解は単純に上段から数を並べていく操作であり，94 手かかっている．以下のような 38 手の解もある．15，8，5，4，6，15，7，12，8，7，15，2，9，10，1，6，2，5，7，8，12，15，3，11，10，9，5，3，11，10，9，5，6，2，3，7，8，12．

算を伴うのなら，数学的方法は実際の役に立ちえない．にもかかわらず，とにかく何かができるか否かを知ることは，できるための労力や計算量を度外視しても時に興味深い．このように必要となる仕事量を度外視した考察は，やり方によっては簡単に実行でき，また確かに美的な魅力もある．そして，その結果もまんざら価値がないわけではない．というのも，もし何かをするための方法が存在しないことが示されていたら，当然そのための実用的な方法も存在しないが，もし何か判定方法が示されたとしたら，それは実用的な方法を求めたいと思う人たちにとって励みとなるからだ．

「このような種類のパズルが解けるかどうか判定する組織的方法が存在するか？」という問いに興味があるだけならば，このスライド・パズルのためにいま説明した判定法は，真に必要なものにくらべ，非常に特殊で詳細なものである．これはつぎのようにいえば十分だろう．

> ある位置から他の位置へ到達できるかどうかを組織的手続きで判定することは確かに可能なことだ．ピースの配置の数は有限（すなわち，20922789888000）[8] でしかなく，各配置におけるピースの動かし方も有限通り（2，3，4 通り）である．ありうる配置の全リストをつくり，あらゆる動作を考えることによって，配置をクラス分けすることができる．そして，初期配置と同じクラスに属するどの配置にもピースのスライドで到達可能である．2 つの配置がどのクラスに属しているかをみることで，一方から他方へ到達可能かどうかが判定できる．

8 （訳註）15 個のピースと 1 つの空マスを併せて 16 個を並べる仕方は，16! 通り．

もちろんこれはこれで完全に正しいのだが，もしパズルをどのようにして完成させるべきかの説明を求められているならば，このような返答を有益なものとはみがたい．実際，上記のような答えは自明すぎて，むしろ人をバカにするものだととらえかねられない．しかし実は，「このパズルがどの場合に解けるかを組織的方法で判別できるか？」というような質問に興味があるなら，この答えはまったく適切なものだ．解けるかどうかを判定するよい方法を知りたいのではなく，組織的方法があるかどうかを知りたいだけだからである．

知恵の輪

同様の議論は，「ピース」の配置の総数が本質的に有限であれば，ピースを特定のルールに従って動かすようなどんなパズルにも適用できる．多くのパズルでは，逆の動きが認められない動作もあるという事実を考慮に入れると，一般にはこの議論を若干修正する必要がある．それでもまず（初期）配置リストをつくることはできるし，それらから1回の動作で得られる配置をリストに加えることも可能だ．つぎに，2回の動作で到達する配置を加え，同様にくり返して新しく加えるが得られなくなるまで動作の回数を増やして配置を追加していく．たとえば，与えられた1組のカードの順番によってソリティアが解けるかどうかを判定する方法が存在することは，テーブル上でカードが置かれる場所が有限個しかないことからただちにいえると考えていいだろう．カードを完全に規則通りではないやり方で置くことを許すかどうかが問題になるかもしれないが，それにしても「本質的に異なる」配置の数は有限しかないといえよう．もっと興味深い例を考える．（最低でも）2本以上の太くねじれたワイヤーを引き離すというパズル[9]である．ワイヤーを折り曲げることは絶対に禁止であり，正しい操作

を行うときにはつねに，ワイヤーを離すのにそれらが触れ合わないで離せるだけの十分なスペースがあるとする．ワイヤーの配置を記述するには，各ワイヤーの定められた3点がどこにあるかを記せばよい．スペースに余裕があるのでこの3点の位置は正確でなくてもよい．たとえば1ミリの1/10くらいの精度で十分だ．すべてのワイヤーの移動に注意を払う必要もない．というのは，実は1つのワイヤーの位置は固定してあると仮定できるからだ．また，2つ目のワイヤーはあまり離れていないと仮定できる．なぜなら，もし大きく離れていたら，このパズルはすでに解けていることになるからである．このような考察は「本質的に異なる」配置の数を有限，おそらく2，3億程度まで減らすことを可能にし，その後これまでの議論が適用できる．ここでくわしく検討はしないが，どの程度のスペースの幅を考慮する必要があるのかわからないときは，さらに難しい課題が待っている．だんだんと幅を狭くしながら何度もこのプロセスをくり返すことが必要だ．そして最終的には，小さな幅を残して解くことができるのか，あるいは少し「インチキ」(つまり，「力ずく」というか，ピースの圧し潰し）を許しても解けないかがわかるだろう．もちろん，可能な配置を試すこうした作業は物理的なワイヤーを使って行われるのではなく，配置の数学的記述を基に，与えられた配置でワイヤーが重なるのかどうかを判定する数学的条件を使って紙の上でなされるのだ．

結び目パズル

このような剛体を引き離すパズルは，もつれをほどく「パズル」に幾分似ている．後者はより一般的には，ひもを切ることなくある結び

9 （訳註）「知恵の輪」のこと．

(*a*)

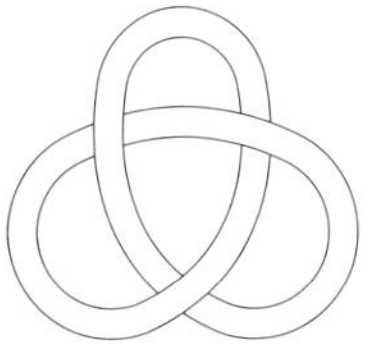

(*b*)

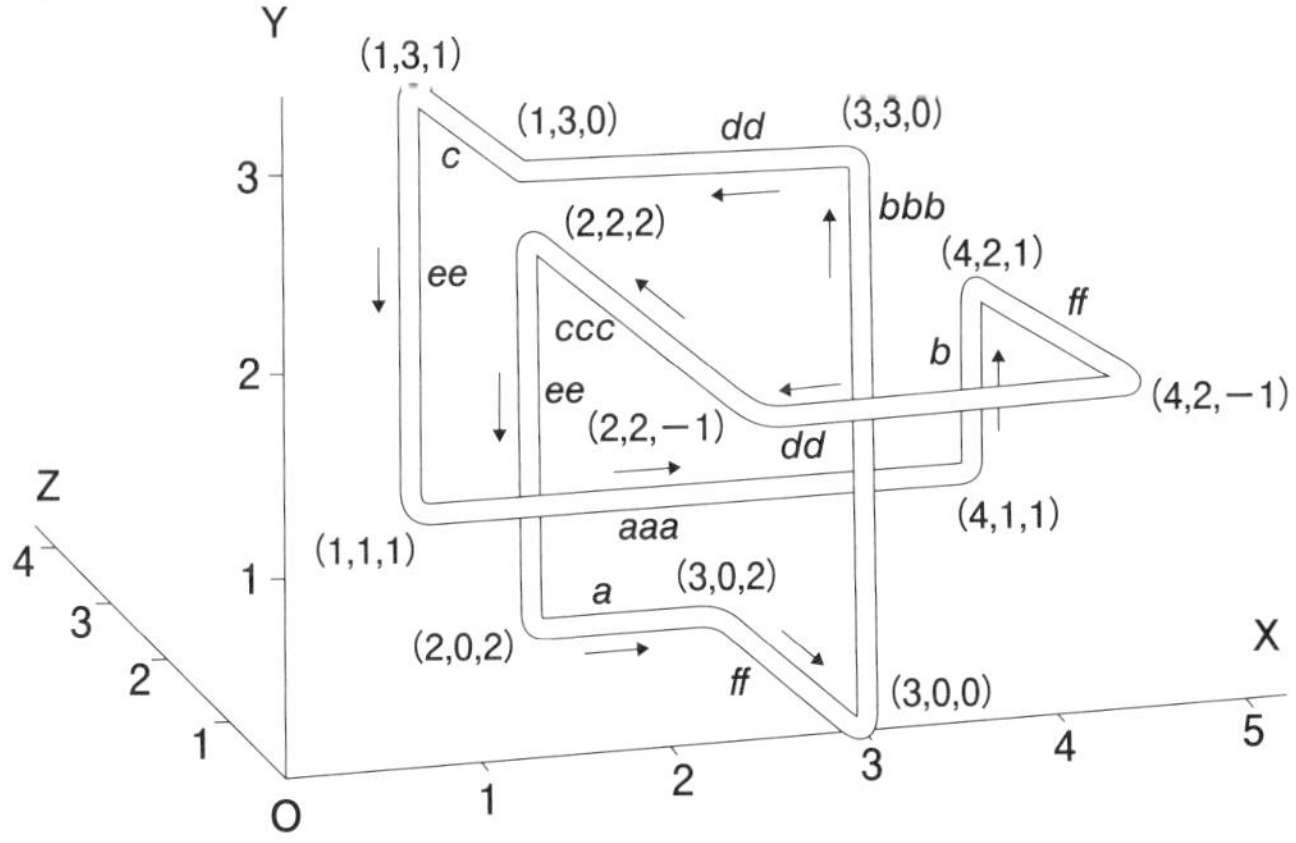

図1　(*a*) 三葉結び目．(*b*) この結び目を線分の連結で表現したものの1つ

目を他の結び目に変えるような「パズル」になる．ポイントは，剛体のワイヤーは曲げられないが，ひもは曲げてもよいところだ．しかし，どちらのケースでも，これらの問題を真剣かつ組織的に扱いたいならば，物理的パズルを数学的に同等なものに置き換える必要がある．結び目パズルは通常これにかなり都合がよい．結び目は，3次元における交点のない閉曲線である．だが，われわれの関心においては，どの結び目も，3つの座標軸のどれかに平行な線分の連結によって十分正確に与えられる．たとえば，三葉結び目図1 (*a*) は通常の (x, y, z)

座標系において以下の点をつなぐ多数の線分で構成されているとみなせるだろう．(1, 1, 1)，(4, 1, 1)，(4, 2, 1)，(4, 2, −1)，(2, 2, −1)，(2, 2, 2)，(2, 0, 2)，(3, 0, 2)，(3, 0, 0)，(3, 3, 0)，(1, 3, 0)，(1, 3, 1)，そして 12 番目の線分で出発点 (1, 1, 1) に戻る[10]．この結び目の表現は図 1 (b) の透視図で示される．この表現を選ぶのに特別な意味はない．もし，より厳密にもとの曲線をなぞりたければ，より多くの線分を使われなければならない．さて，a と d がそれぞれ X 軸方向における正と負の 1 ステップ，b と e が Y 軸方向における 1 ステップ，c と f が Z 軸方向における 1 ステップを表現するものとしよう．すると，この結び目は *aaabffddccceeaffbbbddcee* と表現される[11]．望むならば，このような文字列を使って最初から最後まで議論することができる．まず，このような列が結び目を表すためには，a の個数と d の個数は同じであること，同様に b の個数と e の個数，c の個数と f の個数も同じであること[12]が必要で，そしてさらに冒頭あるいは末尾あるいは両方のある部分列を消去することによって，先の必要条件を満たすような文字列が生じることがないことが[13]，必要かつ十分なものだ．結び目は，つぎの操作によって他の同値な結び目に変えることができる．

---

10 (訳註) チューリングのデジタル・アーカイブ AMT/C/24 イメージ 50 にあるタイプ原稿では以下のようになっている．「したがってたとえば，三葉結び目は，(0, 0, 0)，(0, 2, 0)，(1, 2, 0)，(1, 2, 2)，(1, −1, 2)，(1, −1, 1)，(−1, −1, 1)，(−1, 1, 1)，(2, 1, 1)，(2, 0, 1)，(2, 0, 3)，(0, 0, 3)，(0, 0, 0) の点をつなぐ多数の線分からなるものとみなせるだろう．」

11 (訳註) 同タイプ原稿では bbacceeefddbbaaaeccddfff となっている (タイプ原稿なのでイタリック体はない)．

12 (訳註) 曲線が閉じていること，つまり始点と終点が一致するための条件である．

13 (訳註) 曲線が途中で自らと交わらないための条件である．

(i)　文字列の端の文字を他端に移動する．

(ii)　連続する2文字の順序を入れ替える．ただしそれが結び目になるときに限る．

(iii)　a, d をそれぞれ1文字ずつ追加する．b, e および c, f も同様に追加することができる．あるいはこれらのペアを消去してもよい．ただしそれが結び目になるときに限る．

(iv)　文字列におけるすべての a を aa に，すべての d を dd に置き換える．あるいは b を bb に，e を ee に置き換える．あるいは c を cc に，f を ff に置き換える．またこの逆の操作も可能である．

以上が必要な移動のすべてである．

剛体を引き離す問題にも類似の記号的表現を与えることが可能であるが，結び目のケースほど簡単ではない．

このような結び目のパズルでは，（移動途中で）ピース（この場合 a, b, c, d, e, f という文字）の配置がいくつ必要となるのかを前もって判断できない．そのため，パズルが解けるか否かを決定するために通常の方法は適用できない．ルール（iii）や（iv）によって，結び目を表す文字列の長さは無制限に長いものとなるかもしれないのだ．2つの結び目が同値であるかどうかの組織的判定法はいまだ知られていない[14]．

置換パズルと標準形

とても重要だと思われる別種のパズルに，「置換パズル」[15]がある．

---

14 （訳註）結び目が解けるかどうかの判定法は，ハーケン（1961）によって発見された．2つの結び目の同値の判定法はヘミオン（1979）が最初に発見したが，その後修正されて2003年に完成した．

15 （訳註）「半テュー系（Semi-Thue system）」などとも呼ばれる．

このパズルでは一般には任意有限種類のコマが使えるが，ここでは黒「B」と白「W」だけでよい．それぞれのコマは何個でも無制限に使える．初期配置としていくつかのコマが1列に並べられており，置換によって他のパターンに変形することが求められる．ここでは，許される置換の有限リストが与えられている．たとえば，つぎの置換が許されるとしよう[16]．

(i)　$WBW \rightarrow B$

(ii)　$BW \rightarrow WBBW$

いま，WBW を $WBBBW$ に変形するように求められると，それは下記のようになる．

$$W\underline{BW} \underset{\text{(ii)}}{\longrightarrow} W\underline{WBB\underline{W}} \underset{\text{(ii)}}{\longrightarrow} W\underline{WB\underline{W}BBW} \underset{\text{(i)}}{\longrightarrow} W\underline{B}BBW$$

使われた置換は矢印の下の数字によって示されており，その効果は下線によって示されている．他方，WBB を BW に変形することを求められても，許された置換のなかに B を減らす変形ステップは含まれていないことから実現不可能である．

---

16 （訳註）チューリングのデジタル・アーカイブ AMT/C/24 イメージ 46 にあるタイプ原稿では以下のようになっている．「したがって，たとえば下記の置換が与えられ，

WBW → B
BWWW → WB
BWB → WWWB
WWB → W

WBWWBWBBB を WBB に変形するよう求められたとする．このときは，まずWWB を W に置き換えて WBWBBBB をつくり，それから WWWWBBBB，WWBBB，WBB と順次変形する」（タイプ原稿なのでイタリック体はない）．この置換変形は正しくない．また，本文中に WBB を BW に変形できないと書かれているが，WBB に適用できるルールがないので当然である．

このパズルや多くの置換パズルでは，初期配置から生じる配置の数に限界を設けることができないことがわかる．

さて，パズルはもう単なるおもちゃではなく，もっと重要なものであることがわかってきた．たとえば，与えられた数学の定理を公理系の中で証明するということもパズルの良い例である[17]．

パズルの記述に「正規形（normal form）」や「標準形（standard form）」のようなものがあったらずいぶん役立つだろう．実際，かなり単純なものもあるので，これから説明しよう．余白の事情で多くの事柄を当たり前に扱ってしまうが，中心的なアイデアまであいまいにすることはない．まず，結び目の場合と同じように，与えられたパズルが何らかの形で数学的形式に還元されているものとする．また，同じように，パズルの配置は記号列によって表現されるとしてよい．通常，どの形の記号配列（たとえばスライド・パズルのピース配置）も列形式に変換することはまったく難しくない．残された課題は，「記号やコマを再配置する際に用いられるルールがどのようなものか？」である．これに答えるには，そのようなルールにおいてどんな種類の作業が起こりうるかについて考える必要があり，その種類を減らすために，より単純な作業に分割する必要がある．典型的な作業は「数えること」「コピーすること」「比較すること」「置き換えること」である．これらの作業を行うとき，とくに多くの記号を扱っているときや，過多な情報を頭に詰め込むのを避けたいときには，他にメモをとることや，パズルのピース以外に目印となるものを使うことが必要だ．た

17 （訳註）公理を初期配置，定理を最終配置として，推論規則によって論理式を変形させていくゲームとみなせる．とくに1階論理において，論理式の証明可能性（完全性定理により「恒真性」と同値）を判定する問題が狭義の「決定問題（Entscheidungsproblem）」である．チューリングの代表論文（1936）はこれに否定的な解答を与えた．

とえば，もしパズルの中でコマの列のコピーをつくるとしたら，すでにコピーされた部分とされていない部分を分ける目印や，コピーしようとする最後の箇所を示す目印を使うことになるだろう．ここで，パズルのルールがこれらの目印を考慮するような方法で表現してはならないという理由はない．このようなやり方でルールを表現すれば，単なる置換にすることができる．このことは「パズルの標準型は置換タイプのパズルだ」ということを意味している．より厳密にはつぎのようなことがいえる．

> 任意のパズルに対し，つぎの意味で同値な対応する置換パズルをみつけることができる．すなわち，一方の解法が与えられれば，それを用いて他方の解法を簡単にみつけることができる．もとのパズルが有限種類のピースの列を扱っている場合には，対応する置換は別ルールとしてもとのパズルのピースに適用されるだろう．つまり，ある移動がもとのパズルのルールによって実行されることは，対応する置換を実行し，さらに目印の記号を消去して最終配置に至ることと同値になる．

この主張はいくらか明確さを欠いているが，このままにしておこう．たとえば，ここで「簡単に」という表現が何を意味するかについて疑問を提起しない．さらにいうと，上の主張は証明しようもないものだ．その立場は定理と定義の中間にあり，証明よりもプロパガンダという言葉が適切だ．何がパズルであり何がパズルでないかをわれわれが先験的に知っているならこの主張は定理であるが，パズルとは何かを知らない限り，この主張はパズルとは何か教えてくれるような定義である．たとえば「明確なルールの集まりがあって，……」というような

文章でパズルを定義することはもちろんできるが，これはまた「明確なルール」の定義をわれわれに投げ返してくるにすぎない．同じくそれを「計算可能関数（computable function）」や「組織的手続き（systematic procedure）」の定義に還元することは可能だ．これらのなかの1つの定義は他のすべてを定義するだろう．1935年以降，たくさんの定義が与えられ，それぞれの用語の意味がくわしく検討されたが，それらはすべてお互いに同等であることや，前述の主張とも同じことが証明された．要するに，すべてのパズルが置換パズルと同じであるという見方に反対意見はないのだ[18].

パズルに関する問い

これらの前提をふまえて，パズル全般についてもう一度考える．まず，要点を振り返ろう．パズルから生じる質問はたくさんある．ある課題を与えられたとき，単純にこう尋ねるかもしれない．

(a)「これは解けるのか？」

このような率直な質問に対しては，「はい」「いいえ」あるいは「わからない」といった率直な答えだけが認められる．答えが「はい」である場合，そう確信するには回答者は前もってパズルをやり終えてさえいればよい．答えが「いいえ」である場合，より緻密な議論，つまりおおよそ数学的な扱いが必要となる．たとえばスライド・パズルの場合には，ピースの奇数回の互換では開始位置に戻ってくることができないという数学的事実によって，不可能なケースを不可能というこ

18 （訳註）今日「（チャーチ＝）チューリングの提唱」と呼ばれる経験的事実が説明されている．ここでチューリングのタイプ原稿（デジタル・アーカイブAMT/C/24イメージ54）には，多数の引用文献番号が記されているが，参考文献表はみつからない．たぶん，チャーチ，クリーネ，ポスト，そしてチューリングの論文が含まれると推測される．

とができる．そこでまた，つぎのように尋ねるかもしれない．

(b)「このパズルの最良の解法は何か？」

この問いに対しては率直な答えは認められない．これは何が簡単であるかについての個々人の考え方にもよる．もしこの質問を「一番少ないステップ数の解法は何か？」という形で述べれば，明確な問題にはなるが，今度はあまり興味のないものになる．(a) に対する回答が「はい」であるどんな場合も，退屈で普通には実行不可能な数え上げ法によって最低回数をみつけることができるが，その結果は労力に見合ったものではない．

いろいろ似た性質のパズルが解けるかどうか何度も聞かれたら，自然とつぎのような自問に導かれる．

(c)「この種のパズルには，このような問いに答える組織的手続きが存在するか？」

もっと野心的な人だったら，つぎのように尋ねるかもしれない．

(d)「任意のパズルが解けるかどうかを判定する組織的手続きは存在するか？」

(d) の答えは「いいえ」であることを示したいと思う．

実際のところ，(c) の回答が「いいえ」となるような種類のパズルが存在する．

この問いに取り組む前に，パズルが解けるかどうかを判定するための「組織的手続き」とは何かを明らかにしておく必要があるだろう[19]．だがこれにはいまのところ特別な困難は生じない．「組織的手続き」は，パズルの概念と同等になるものとしてあげた語句の1つだ．つまり，

19（訳註）デジタル・アーカイブ AMT/C/24 イメージ 42 のタイプ原稿には，やや意味がとりにくい文章が 20 行ほどあって，それは斜線で削除されている．現存する原稿はここで終わっている．訳註 18 を参照.

どちらも他方に還元できるのだ．したがって，もしいまパズルとは何かが明らかであれば，「組織的手続き」も同様に明らかなはずだ．事実，組織的手続きとは，生じるどの配置においても2つ以上の可能な動きは存在せず，かつ最終結果が重要であるようなパズルにすぎない．

解けないパズル

さて，「パズル」と「組織的手続き」両方の意味についての説明を終えたので，この記事の第1段落で主張した，パズルが解けるのか否かを判定するための組織的手続きは存在しえないということを証明する段となった．実際のところ，これらの用語の詳細な定義はこの証明には必要なく，いま説明したこれらの用語の間の同値性のみ求められている．パズルが解けるか否かを判定するための組織的手続きがあれば，それは，確定した動き（どの配置からも1つだけの動作）をもつパズルの形で明確に記述される．このとき，判定したいパズルのルールと初期配置と最終配置の組が，判定するパズルの初期配置として与えられる．

いま問題となるパズルはそのパズルのルールと初期配置によって記述されるとしておく．これらはそれぞれ記号列にすぎない．置換パズルだけを考えているので，そのルールは，適切に区切られた置換ペアのリストだけで十分である．区切りの表し方としては，置換ペアの第1要素と第2要素を矢印によって分離し，ペア同士をコロンで分離する形式が可能だ．この場合に，以下のルールを考えてみよう．

B は BC に置き換える

WBW は消去する

これは，「：B → BC：WBW →：」と表される．ところが，続く議論には，これら矢印やコロンは厄介なものである．そこで，初期配置で現れないような記号を使わずにルールを表現することが必要になる．このことは，以下の単純であるが少し不自然な手法によって達成される．まず矢印とコロン以外の文字は二重に書くこととする．「：BB → $BBCC$：$WWBBWW$ →：」．つぎに，矢印はその両側と一致しない1文字に置き換え，コロンは両側と重複しないよう選んだ文字を3回並べたものに置き換える．この置き換えは使える文字が少なくとも3文字あればいつでも可能で，たとえば上記のルールは以下のように表される．「$CCCBBWBBCCBBBWWBBWWBWWW$」．もちろん，こうした約束事のもとでも，多くの異なる記号列が同じパズルを表すことになる．区切り記号の選び方を度外視しても，置換のペアはどんな順番で与えてもよいし，同じペアが何度もくり返されることがあるからだ．

いま，$P(R,S)$ によって「ルールが記号列 R によって記述され，初期配置が S によって記述されているパズル」を表そう．パズルのルールを記述するために上で定めた特別な形式を用いれば，「ルール」を初期配置として扱うことができるので $P(R,R)$ を考えることも不合理ではない．実際，これからの議論はそういう見方に基づいている．また今後の議論ではどの配置においても可能な動作がたかだか1つしかないようなパズルを主に扱う．これらを「確定動作パズル」と呼ぶ．もし配置 B あるいは W のいずれかに到達し，ルールがそれ以上の動作を許さないのであれば，このようなパズルは「終了した」といってよいだろう．明らかに確定動作パズルは，B と W の両方を最終結果として終了することはできない．

ここで，パズルのルール R を2つのクラスⅠとⅡに分ける問題に

ついて考えよう．

クラスⅠは確定動作パズルのルール R の集まりで，さらに $P(R,$ $R)$ が結果 W で終了するものとする．

クラスⅡはその他すべてのケース，つまり $P(R,R)$ が終了しないか，$P(R,R)$ が結果 B で終了するか，R が確定動作パズルを表さない場合である．また必要であれば，$BBBBB$ のようなまったくルールを表していない記号列もこちらのクラスに含めておく．

では，証明したい定理を否定して，パズルが終了するか否かを判定するための組織的手続きが存在したと仮定しよう．するとこの判定手続きを用いて，ルールをクラスⅠとクラスⅡに区別することができる．R が本当にルールを表しているのかどうかや，確定動作なのかどうかの判定は難しくない[20]．難しいとすれば，パズルが終了すると知られている場合に最終結果を見出すことだが，このことは実際にパズルをやり終えてしまえば判定できる．したがって，2つのクラスを区別するためのこのような組織的手続きは，すでに説明した方法によって，それ自体を置換パズルの形で記述することが可能である（このルールを K とする）．つまり，判定すべきパズルのルール R を初期配置として，ルール K を適用すれば，パズルの最終結果はそのテストの結果を与えてくれる．この手続きはいつも答えを出してくれるので，パズル $P(K,R)$ はつねに終了する．パズル K はいろいろ異なる方法で答えを出すことができるが，ここではクラスⅠのルール R に対して B を出し，クラスⅡのルールには W を出すと仮定してよい．逆の選択も同様に可能で，それはわずかに違うルール K' で成り立ち，何か

20 （訳注）確定動作でない機能を有するか否かの判定は可能だが，そのような機能をもつものが実際にそれを使うか否かの判定は不可能．ここでは前者を考えればよい．

特別な好みがあってそちらを採択しなかったのではない．ルール K のパズルは難なく確定動作にできる．すると，その本質的な特性は以下のようになる．

K は確定動作を行う．
$P(K, R)$ は R が何であれ必ず終了する．
R がクラスⅠに属する場合，$P(K, R)$ の最終結果は B となる．
R がクラスⅡに属する場合，$P(K, R)$ の最終結果は W となる．

しかし，これらの特性は2つのクラスの定義と一致しない．実際，K がどちらのクラスに所属するのかを考えてみれば，どちらにも所属しないことがわかるだろう．まず，パズル $P(K, K)$ は必ず終了する．そして，K の特性により，K がクラスⅠに所属するときには B という結果を，クラスⅡに所属するときには W という結果を得なければならない．他方で，クラスの定義は最終結果が正反対にならなければならないことを示している．パズルが終了するか否かを判定する組織的手続きが存在するという仮定は，このように矛盾に至るのだ．

よって上記の問（c）に関しては，ある種類のパズルについては，そのような問題を組織的に判定する方法がないといえる．これはしばしば「この種のパズルには決定手続き（decision procedure）が存在しない」とか「この種のパズルの決定問題は解けない（unsolvable）」という形で表現される．そして実際，決定手続きがないようなパズルを意味するつもりで（この記事のタイトルにあるように）「解けない問題（unsolvable problems）」というようになった．これが現在数理論理学者が与えているこの語句の専門的な意味だ．「解けない問題」という表現は，たとえば「記号の巡回置換によって1，2，3を2，1，

3に変換せよ」といったような，単に解けないパズルを意味するように使う方が自然に思えるが，現在使われている意味ではそうでない．しかしながら，混乱を最小限にするため，ここでは単に「解けない問題」ではなく「解けない決定問題（unsolvable decision problems)」と呼ぶことにし，パズルについても，決定問題に関するものでない限り，問題といわずパズルと呼ぶことにする．

決定問題についての注意事項

決定問題が現れるのは，無限個の質問があるときに限ることに注意されたい．「このリンゴは食べても大丈夫か？」「この数は素数か？」「このパズルは解けるか？」などの質問は，「はい」か「いいえ」で解決する．かごの中のリンゴのような有限個の対象物についての質問は，有限個の答えで処理されるだろう．しかし，その個数が有限でない場合，あるいは出されるリンゴの全体もしくは整数やパズルの全体の総数が確定していないときには，どんな答えの（有限）リストも十分ではないだろう．それは，ある種のルールや組織的手続きによって与えなければならない．たとえ扱う個数が有限だとしても，リストよりもルールを与える方が好ましいこともある．要するに，覚えるのが簡単だからだ．しかし，有限のリストが使えるのだから，このような場合には解けない決定問題はまったく存在しない．

決定問題をパズルのクラスに関するものとみなすと，もしあるクラスに対し判定方法をみつけたら，そのどんな部分クラスに対しても適用されることがわかる．同様に，部分クラスについての判定手続きが存在しないことを証明すると，クラス全体の判定手続きがないという結果を導く．解けない決定問題についてのもっとも興味深く価値ある結果は，パズルのより小さなクラスに関するものである．

注目に値するもう1つのポイントは，最初に検討したスライド・パズルによってうまく説明できる．与えられた初期配置からパズルが解けるのかどうかを知りたければ，求められた最終配置に到達することを願いつつピースを動きまわしてみればよい．もしうまくいったら，パズルが解けたことになり，したがって「これは解けるか？」という質問に答えることができる．パズルが解ける場合には，いつかは正しい移動を得ることになるだろう．だから，パズルが解けない場合にその事実を最終的に打ち立てる手続きがあるときに，パズルの決定問題は解決することになる．というのは，最終的にどちらかの手続きによって結論に到達するために，両方の手続きを交互に少しずつ適用すればよいからだ．実際，スライド・パズルの場合，ピースをスライドすることで，14と15が入れ替わった最終配置に到達したら，パズルは不可能ということを知っているので，このような手続きがある．

ある種のパズルの判定手続きをみつけることの難しさは，パズルが解けないときに，解けないことを立証することにあるのは明らかだ．問（a）ですでに言及したように，このことは数学的議論を要する．では，パズルが終了するという主張を数学的形式で表現してみて，それを組織的に証明してみたらどうだろうか．この試みの前半部分，つまりパズルに関する主張を数学的に表現することはとくに難しくはない．しかし，その後半は失敗に終わる運命にある．というのは，数学的定理を証明するどんな組織的方法もすべての数学的質問に「はい」「いいえ」で答えられるほど完全ではないことが，ゲーデルの有名な定理[21]から導かれるからだ．それはともあれ，いまこの定理に別の証明を与えておこう．そこで数学的定理を証明するような完全な組織

21 （訳註）ゲーデルの第1不完全性定理（1931）．

的方法があったと仮定しよう．それをパズルにも適用すれば，それぞれのパズルについて解けるか解けないかのどちらかを最終的に証明することができるだろう．このことは，われわれがすでに導いた事実に反して，パズルが解けるか否かを判定する組織的方法を提供することになってしまう．

最近の結果と今後の課題

パズルの決定問題についてのこのような結果，より正確にいうと，それに類似した多くの事実は1936年から1937年の間に証明された．以後，さらにたくさんの決定問題が解けないことが示されてきた．それらが解けないという事実はすべて，もしそれが解けたとしたら，その判定法を使ってオリジナルの問題の判定法も得られるということを示して証明された．これらはどれも，同じ解けない問題に難なく還元できるのだ．そのような多くの結果について以下に簡単に述べる．その際，専門用語については，あえて説明しない．ほとんどの読者はそのいくつかを知っているであろうし，その説明のためにスペースを割くのはこの文脈における有用性とまったくつり合わないからである．

(1) 白と黒のコマだけからなる列に対する置換操作の決定問題は解けない．

(2) ルールを固定させ，初期配置だけを変化させるような特定のパズルで，決定手続きがないものが存在する．

(3) 公理の集合を与えて，それが無矛盾であるかどうかを判定する手続きは存在しない[22]．

---

22 （訳註）1階論理の問題と解釈して，（閉）論理式 A の証明可能性は，A の否定の矛盾性と同値である．したがって，公理系の無矛盾性は，1階論理の決定問題に還元できる．訳註17を参照．

(4) 「簡約律（cancellation）をもつ半群における語の問題」は解けない.

(5) 「群における語の問題」が解けないことが最近ロシアで発表された[23]. これは「半群における語の問題」と似た決定問題だが, はるかに重要で, トポロジーに応用できる. こうした問題が解けないと証明される前には, この決定問題を解く試みがなされた. まだ証明は公表されていないが, もしそれが正しければ, このことは大きな一歩である.

(6) 102 個の 4×4 整数行列が存在して, ある行列が与えられた行列の積として表すことができるかどうかを判定する方法はない[24].

もちろん, これらは得られた結果の抜粋にすぎない. かなりの数の決定問題がいまや解けないものとして知られているにもかかわらず, 与えられた決定問題が解けるかどうかについて述べる段階からはまだほど遠い. 実際, その段階に至ることはけっしてないだろう. というのは, 与えられた決定問題が解けるかどうかという問い自体が解けない決定問題の1つだからだ. これまで発見された結果はおおよそ積極的に探し求めたというより, むしろ棚ぼた式に得られたものである. しかし, 群における語の問題についてはかなりの努力が費やされた（前述（5）参照）. 数学者が解決したいと切望するもう1つの問題は, 「多様体の同相性の決定問題」として知られる. これはすでに述べた, ねじれたワイヤーのパズルに関する問題と似たものだ. だが, ねじれ

23 （訳註）ノヴィコフのロシア語の論文（1952）を指している. ノヴィコフ本人による修正版が 1955 年に発表された.

24 （訳註）マルコフの結果（1951）として知られる. 3×3 整数行列の決定不能性を示したパターソンの仕事（1971）があり, 最近では 7 個の行列でも十分であることが示されている.

たワイヤーのパズルでは扱うピースが剛体であるのに対し,「多様体の同相」問題では,ピースを曲げる,伸ばす,ねじる,圧縮するといったことが好きなだけ行える.ただし,壊したり,新しい継ぎ目をつくったり,穴をふさいだりしてはいけない.たくさんの粘土ピースを組み合わせたものが与えられて,指定された別の形に変形するのがその課題だ.この問題のクラスに対する決定問題が「多様体の同相性の決定問題」である.これはおそらく解けないが,そのことはいまだ証明されていない[25].同じようにたぶん解けない決定問題として,すでに述べた結び目に関する問題がある[26].

ここで述べてきた結果は主に否定的な主張であり,われわれが純粋に推論のみによって到達しうる範囲に限界を与えている.これらの結果,および数理論理学における他の諸結果は,共通感覚(common sense)[27]に支えられない「理性」には欠陥があることを,数学それ自身のうちで立証する方向に向かって進んでいるとみなせるかもしれない.

参考文献

Kleene, S. C. *Introduction to Metamathematics*, Amsterdam, 1952[28].

25 (訳註)マルコフ(1958)が4次元多様体の同相性についての決定不能性を証明した.2次元多様体の分類は簡単であり決定可能になる.3次元多様体の場合,サーストンの幾何化予想をペレルマンが解決したこと(2003)で,同相性判定が決定可能になった.

26 (訳註)訳註14を参照.3次元結び目(5次元空間)が解けるかどうかは決定不能であるが,2次元については未解決.この記事では語られていないが,整数係数の多変数多項式の可解性に関するヒルベルトの第10問題が,1970年マチャセヴィッチらによって決定不能であることが証明された.

27 (訳註)「共通感覚」は「直観(intuition)」のことだとコープランドらは述べている.

28 (訳注)出版社はNorth-Holland.